U0204628

220kV及以下变压器故障检测典型案例分析与处理

刘兴华　主编

中国电力出版社
CHINA ELECTRIC POWER PRESS

内 容 提 要

本书从 220kV 及以下的变压器运行维护工作中选取了 55 个典型的故障案例进行分析与处理，按照故障类型分为直流电阻检测超标典型案例、有载调压分接开关检测异常典型案例、套管检测异常典型案例、局部放电检测异常典型案例、油务试验检测异常典型案例和其他部件检测异常典型案例六大类，每个案例包括故障经过、检测分析方法、隐患处理情况、经验体会等内容。

本书案例可供 220kV 及以下变压器运行维护借鉴。

图书在版编目（CIP）数据

220kV 及以下变压器故障检测典型案例分析与处理/刘兴华主编．—北京：中国电力出版社，2018.8
ISBN 978-7-5198-1876-0

Ⅰ.①2… Ⅱ.①刘… Ⅲ.①变压器故障—故障检测—案例 Ⅳ.①TM407

中国版本图书馆 CIP 数据核字（2018）第 056799 号

出版发行：中国电力出版社
地　　址：北京市东城区北京站西街 19 号（邮政编码 100005）
网　　址：http://www.cepp.sgcc.com.cn
责任编辑：刘　薇（010-63412357）
责任校对：郝军燕
装帧设计：张俊霞
责任印制：邹树群

印　　刷：北京雁林吉兆印刷有限公司
版　　次：2018 年 8 月第一版
印　　次：2018 年 8 月北京第一次印刷
开　　本：787 毫米×1092 毫米　16 开本
印　　张：13
字　　数：278 千字
印　　数：0001—3000 册
定　　价：68.00 元

版 权 专 有　侵 权 必 究
本书如有印装质量问题，我社发行部负责退换

编　委　会

主　　任　　韩克存

副 主 任　　吕学宾

委　　员　　孙学锋　　蒋　涛　　宁尚元　　王　涛　　李震宇

程焕超　　毛文奇　　刘　鹍　　艾　兵　　王胜毅

杨大伟　　陈玉峰　　辜　超　　吴　勇　　姚金霞

高楠楠　　胡　凡　　张沈阳　　高　鹏　　薛启成

孙胜涛　　黄　凯　　李立生　　朱文兵　　朱振华

王世坤　　朱　锋　　苏小平　　王京保

技术顾问　　冀肖彤　　杨立超　　咸日常　　朱保军　　杨　帆

牛　林　　陈　静　　漆铭钧　　黎　刚　　高舜安

马　玎　　姚德贵　　蔡从中　　肖汉光　　何　平

编 审 组

主　　编	刘兴华				
副 主 编	张荣芳	崔　川			
编审人员	周天春	张福州	朱孟兆	邵　进	孙　杨
	吴观斌	胡兴旺	郝　建	周加斌	于　芃
	张　用	张世栋	孔　刚	于　洋	胡元潮
	安韵竹	裴　英	王璐璐	郑含博	张镱议
	丁俊杰	钱立虎	马延会	汪　可	伍飞飞
	彭　克	彭庆军	孙运涛	段　盼	高　兵
	刘　凯	王　辉	孙忠凯	李　琮	刘焕聚
	翟进乾	刘泽辉	胡　刚	喻　磊	齐超亮
	徐天锡	张　宁	乔　恒	韩　旭	孙　鹏
	王磊磊	孙立新	王世儒	林　英	夏　鼎
	王　军	翟纯恒	郑春旭	陈文栋	吕东飞
	张兴永	刘文安			

电力变压器作为电力系统中重要的电气设备之一，对电网的安全可靠运行至关重要。随着电网建设的飞速发展，其重要性日益突出，为提高对变压器故障的处理及检测能力，我们编写了本书。

本书详实阐述 220kV 及以下变压器故障案例过程、检测分析方法、隐患处理情况以及经验体会。从大量变压器故障、异常案例出发，详细介绍发现问题的检测方法以及手段，分析整个过程，提供处理方法，在此基础上，加入带电检测、在线监测预警等新型先进检测方法，结合例行试验诊断分析，综合数据融合，分析变压器健康指数，并提出行之有效的处理措施。

由于时间仓促，加之编者水平有限，书中错误和不足之处在所难免，敬请专业同行和专家给予批评指正。

编者
2018 年 4 月

220kV及以下变压器故障检测典型案例
分析与处理

目 录

第一章 变压器直流电阻检测超标典型案例

[案例一] 变压器高压侧挡位直流电阻值错乱

设备类别：220kV 变压器
案例名称：变压器高压侧直流电阻三相不平衡度超标
技术类别：停电例行试验—直流电阻测试

一、故障经过

某 220kV 变电站负荷较重，是该地区重要电力枢纽。为有效缓解该地区的容载压力，2016 年对该变电站进行增容改造，将主变压器扩容为 240MVA 有载调压变压器，并新上一台 240MVA 的主变压器。两台主变压器均为 SFSZ11 - 240000/220 型有载调压变压器。

2016 年 4 月 5 日，检测人员对新上的主变压器进行交接试验。使用变压器直流电阻测试仪（BZC3391）对该变压器高压侧直流电阻测试时发现，三相不平衡度虽然符合 Q/GDW 1168—2013《输变电设备状态检修试验规程》中"1.6MVA 以上变压器，各相绕组电阻相间的差别不应大于三相平均值的 2%"的规定，但经纵向分析，A、C 相级差大约是 3mΩ 且均匀分布，而 B 相分接开关换挡时，各级级差不平衡，且呈现奇、偶数挡交替式变化规律。

经过反复测试和分析，将有载调压开关吊芯处理后最终确定有载调压开关 B 相切换开关接触不良，造成有载调压开关换挡时，B 相各级级差不平衡，且呈现奇、偶数挡交替式变化规律。

二、检测分析方法

2016 年 4 月 5 日，检测人员使用变压器直流电阻测试仪（BZC3391）对变压器高压侧直流电阻进行测试，试验数据换算至 20℃，结果见表 1 和图 1。

表 1　　　　变压器直流电阻交接试验数据（处理前，mΩ）

分接位置	实测值			
	AO	BO	CO	不平衡度（%）
1	270.8	271.6	271.8	0.37
2	267	269.8	267.9	1.06
3	263.9	264.5	264.8	0.34

分接位置	实测值			
	AO	BO	CO	不平衡度（%）
4	260	262.8	261.1	1.05
5	256.9	257.4	257.9	0.39
6	253.2	255.8	254.1	1.04
7	250.5	250.1	251	0.36
8	246	249.6	248	1.10
9	242.7	245.1	243.1	1.00
10	246.9	249.6	248.01	1.10
11	250.2	250.6	251	0.40
12	253.9	256.7	254.9	1.11
13	257.1	257.6	258	0.40
14	260.9	263.7	261.9	1.09
15	264	264.6	265	0.38
16	267.6	270.6	268.7	1.09
17	270.9	271.6	271.9	0.34

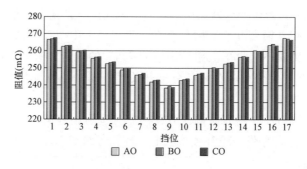

图 1　变压器高压侧直流电阻测试数据（处理前）

从表 1 和图 1 可以看出，A、C 相直流电阻每级级差大约为 3mΩ 且均匀分布。而 B 相直流电阻在 1～9 挡时，奇数挡调向偶数挡时级差大约为 1mΩ，由偶数挡调向奇数挡时级差大约为 5mΩ；在 9～17 挡时，由奇数挡调向偶数挡时级差大约为 5mΩ，由偶数挡调向奇数挡时级差大约为 1mΩ。

一般来说，导致直流电阻数据异常的原因有以下几个：

（1）变压器直流电阻测试仪器故障；

（2）测量线与 B 相套管导电杆接触不良；

（3）有载调压开关内部 B 相切换开关动触头表面灼伤、氧化或连接松动，切换开关动触头或连接螺丝松动或鸭嘴压力变小，切换开关中性点触头与桶壁触头接触不良。

根据上述分析，现场检测人员对造成直流电阻数据异常的原因由易到难逐一排除。

（1）首先，排除仪器问题。更换另一台变压器直流电阻测试仪（BZC3391），试验数据与表1结果基本一致。而对主变压器的中、低压侧进行测试时，三相平衡度合格，阻值经过温度换算与出厂试验结果一致。排除试验仪器的问题。

（2）其次，检测人员对B相套管导电杆用砂布进行打磨，并更换试验线后再进行测试，试验结果没有明显变化，排除了测量线与导电杆接触不良的问题。B相数据呈现奇、偶数挡交替式变化规律，也可以排除试验接线不良的因素。

（3）最后，检测人员将有载调压开关来回调整近100次，再次测试，试验结果没有变化。排除有载调压开关动触头表面灼伤、氧化的可能。

大容量电力变压器的有载调压开关由切换电流的切换开关和选择开关两部分组成，如图2所示。根据数据分析：B相直流电阻在1～9挡时，奇数挡调向偶数挡级差大约为1mΩ，由偶数挡调向奇数挡时级差大约为5mΩ；在9～17挡时，奇数挡调向偶数挡时极差大约为5mΩ，由偶数挡调向奇数挡时极差大约为1 mΩ。基本可以判定为有载调压开关B相切换开关接触不良的问题。

三、 隐患处理情况

检测人员发现该问题并多方面排除可能因素、分析判断后，遂及时向上级部门汇报。联系生产厂家人员到现场再次做直流电阻试验，试验数据一致，判断为有载调压开关内部问题，需放油后进入变压器内部对有载调压开关进行处理。

经过协商，2016年5月24日，生产厂家人员将变压器放油后打开人孔门，技术人员进入变压器内对有载调压开关进行检查。发现有载调压开关B相切换开关接触不良，然后对其进行紧固处理，如图3所示。

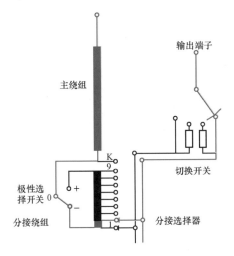

图2 有载调压开关原理图

图3 切换开关接触不良位置

经过处理后，检测人员对高压绕组的直流电阻进行复测，结果合格，见表2及图4。

3

表 2   变压器高压侧直流电阻测试数据（处理后，mΩ）

分接位置	实测值			
	AO	BO	CO	不平衡度（%）
1	266.8	267	267.9	0.411
2	262.7	263.5	263.3	0.303
3	259.6	260.1	260.6	0.384
4	255.7	256.5	256.7	0.390
5	252.7	253.3	253.6	0.434
6	248.9	249.7	249.9	0.400
7	246	246.5	247	0.405
8	242.1	243	243.1	0.411
9	238.5	239.4	238.8	0.376
10	242.9	243.6	243.8	0.369
11	246	246.7	247.3	0.527
12	249.8	250.4	250.3	0.239
13	252.6	253.3	253.7	0.434
14	256.6	257.2	256.9	0.233
15	260.5	260.3	259.9	0.230
16	263.8	264.2	263.5	0.265
17	267.6	267.4	266.8	0.299

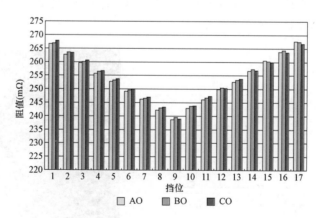

图 4 变压器高压侧直流电阻测试数据（处理后）

四、经验体会

（1）在做变压器绕组连同套管的直流电阻试验时，不仅要按规程检查三相不平衡度，还要进行纵向检查，分析各级级差是否异常，发现异常应充分重视，仔细分析，对故障部位做到准确定位，以提高检修效率。

（2）新变压器经过长途运输或环境变化，内部连接可能会出现一些问题，交接试验时应对试验数据仔细分析，不放过任何可疑数据。

五、检测相关信息

检测用仪器：BZC3391 变压器直阻测试仪。

 变压器高压侧直流电阻三相不平衡度超标

设备类别：110kV 变压器
案例名称：变压器高压侧直流电阻三相不平衡度超标
技术类别：停电例行试验—直流电阻测试

一、故障经过

某 110kV 变电站位于市区，现有 2 台 SZ11 - 50000/110 型有载调压变压器，2014 年 4 月建成投运后一直处于冷备用状态。

根据 Q/GDW 1168—2013《输变电设备状态检修试验规程》规定，110（66）kV 及以上新设备投运满 1～2 年应进行例行试验。2016 年 3 月 14 日，检测人员对该变电站变压器高压侧直流电阻进行测试，发现直流电阻三相不平衡度在 6％～8％之间，超过 Q/GDW 1168—2013《输变电设备状态检修试验规程》中"1.6MVA 以上变压器，各相绕组电阻相间的差别不应大于三相平均值的 2％"的规定。经过反复测试、分析，最终确定造成高压侧直流电阻三相不平衡度超标的原因为高压侧 C 相套管导电杆接头端子与接线座接触不良。

二、检测分析方法

2016 年 3 月 14 日，检测人员使用变压器直流电阻测试仪（BZC3391）对该变电站变压器高压侧直流电阻进行测试，试验数据见表 1 和图 1。

表 1　　　　　　　变压器高压侧直流电阻测试数据（处理前）

绕组温度		13℃		湿度	47％
挡位	AO	BO	CO		不平衡度（％）
1	430.9	431.3	460.3		6.67
2	424.7	424.8	454.2		6.79
3	418	418.4	447.8		6.96
4	411.7	411.7	442		7.18
5	405.1	405.6	434		6.97
6	398.7	399	429.6		7.55

绕组温度		13℃	湿度	47%
挡位	AO	BO	CO	不平衡度（%）
7	392.2	392.8	422.6	7.55
8	385.8	386.2	415.4	7.48
9	378.1	378.1	406.9	7.43
10	385.6	386	416.2	7.73

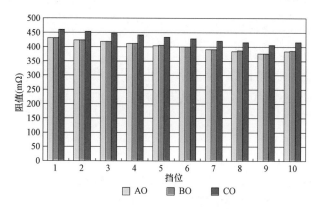

图 1　变压器高压侧直流电阻测试数据

由表 1 和图 1 可以看出，直流电阻三相不平衡度在 6%～8% 之间，所有的挡位中 A、B 两相数据基本一致，C 相数据要比 A、B 两相大 30mΩ 左右，可以大致推测导致直流电阻不平衡度超标有以下几个原因：

（1）测试仪器故障；

（2）测量线与 C 相套管导电杆接触不良；

（3）C 相套管导电杆接头接触不良（螺丝松动、螺杆丝扣灼伤或氧化）；

（4）有载调压内部 C 相切换开关动触头表面灼伤、氧化或连接松动，选择开关动触头或连接螺丝松动或鸭嘴压力变小，切换开关中性点触头与桶壁触头接触不良；

（5）多股导线绕组断股使绕组截面变小。

根据上述分析，现场检测人员对造成直流电阻三相不平衡超标的可能原因由易到难逐一排除。

（1）排除仪器问题，先对主变压器的低压侧进行测试，三相平衡度合格，阻值经过温度换算与上次试验结果一致，证明试验仪器工作正常。

（2）检测人员对 C 相套管导电杆用砂布进行打磨，并更换试验线后再进行测试试验，结果没有明显变化，排除了测量线与导电杆接触不良的问题。

（3）检测人员将有载调压开关来回调整 30 次，再次测试，试验结果没有变化；若 C 相电阻偏大问题是由分接开关内部灼伤、氧化导致，那么经过多次打磨之后 C 相电阻应该有变小的趋势，而实际测试结果基本排除分接开关内部有灼伤、氧化。分接开关内部连接松动等问题无法排除，若存在此问题，处理起来较为困难。现场检测人员继续对其他原因进行排除。

（4）检测人员要求现场检修人员将 C 相导电杆接头端子拆下，将测试线直接夹在接线座上，如图 2 所示，试验结果合格，初步断定造成直流电阻三相不平衡的原因为 C 相套管导电杆接头端子与接线座接触不良。

三、隐患处理情况

现场检修人员将 C 相套管导电杆接头端子拆下，在拆的过程中发现螺栓松动，接线端子内部螺纹有灰尘，如图 3 所示。

图 2　测试线直接接到接线座上　　　　图 3　套管导电杆接头端子

检修人员去除套管导电杆接头端子内部螺纹灰尘，拧紧导电杆接头端子与接线座，并将导电杆接头端子的 6 个紧固螺栓拧紧。检测人员对高压绕组的直流电阻进行复测，结果合格，如表 2 所示。

表 2　　　　　　　　变压器高压侧直流电阻测试数据（处理后，mΩ）

绕组温度		13℃	湿度	47%
挡位	AO	BO	CO	不平衡度（%）
1	430.9	431.3	432.4	0.35
2	424.7	424.8	426	0.31
3	418	418.4	419.7	0.41
4	411.7	411.7	413.1	0.34
5	405.1	405.6	406.8	0.42
6	398.7	399	400.3	0.40
7	392.2	392.8	394.1	0.48
8	385.8	386.2	387.8	0.52
9	378.1	378.1	378.7	0.16
10	385.6	386	387.4	0.47

四、 经验体会

（1）对变压器绕组连同套管开展直流电阻试验，能够检查变压器绕组内部、分接开关、套管与引线的问题，在进行例行试验时应充分重视，遇到问题应充分分析，对故障部位做到准确定位，以提高检修效率。

（2）变压器投运后即转为冷备用状态，虽然 C 相套管导电杆与接线座接触不良，但高压侧没有电流，不会产生热效应，红外测温等带电检测手段无法发现这种缺陷。因此对于处于冷备用状态的变压器应严格按照 Q/GDW 1168—2013《输变电设备状态检修试验规程》规定的项目和周期进行试验。

五、 检测相关信息

检测用仪器：BZC3391 变压器直阻测试仪。

 变压器直流电阻试验发现触头附着油膜

> 设备类别：35kV 主变压器
> 案例名称：35kV 变压器高压侧三相直流电阻不平衡
> 技术类别：停电例行试验—直流电阻测试

一、 故障经过

某 35kV 变电站变压器型号为 SZ9‐10000/35，2002 年 12 月投运。2015 年 12 月 18 日，检测人员对变压器进行停电例行试验时，发现变压器高压侧第Ⅱ、Ⅲ、Ⅳ、Ⅴ、Ⅶ分接挡位三相直流电阻偏差较大，不平衡率均超过 2%，其中第Ⅳ分接挡位三相直流电阻不平衡率达到 9.88%。更换直流电阻测试仪进行多次复测，测试结果几乎相同。现场进行接线板打磨处理及开关挡位磨合，不平衡度无明显变化。经与生产厂家联系并探讨分析，怀疑有载开关分接触头表面附着油膜导致接触电阻偏大，进而影响三相直流电阻不平衡。为了有效去除油膜，现场进行了 200 次挡位切换操作，最终达到三相直流电阻不平衡度合格的测试要求。通过本次停电例行试验，有效发现了主变压器有载开关接触电阻偏大的问题并及时消除，保证了主变压器安全可靠运行。

二、 检测分析方法

2015 年 12 月 18 日，按照年度停电试验计划，检测人员对变压器进行停电例行试验，测试数据如表 1 所示。

表1 变压器高压绕组直流电阻第一次测试数据（mΩ）

挡位	AO	BO	CO	不平衡度（%）
Ⅰ	271.6	271.0	273.5	0.90
Ⅱ	254.1	246.2	251.4	3.20
Ⅲ	246.3	255.5	247.6	3.64
Ⅳ	242.5	265.9	241.3	9.88
Ⅴ	235.5	245.0	235.2	4.10
Ⅵ	229.7	229.3	233.3	1.73
Ⅶ	230.5	234.7	224.8	4.39

由表1发现，高压侧第Ⅱ、Ⅲ、Ⅳ、Ⅴ、Ⅶ分接挡位三相直流电阻偏差较大，不平衡度均超过2%，其中第Ⅳ分接挡位三相直阻不平衡度达到9.88%。首先，排除测试仪器误差问题，用标准电阻校验测试，证明了仪器无明显误差，测试精度及准确度合格；然后，对试验线夹进行检查，线夹无明显松动状况；最后，对高压侧套管顶端接线板、将军帽及压接螺栓进行检查，并重新打磨压接面并紧固螺栓。处理完毕后重新进行直流电阻复测，测试数据如表2所示。

表2 变压器高压绕组直流电阻第二次测试数据（mΩ）

挡位	AO	BO	CO	不平衡度（%）
Ⅰ	261.1	267.6	259.7	3.04
Ⅱ	252.3	254.5	253.9	0.87
Ⅲ	255.1	261.3	248.3	5.23
Ⅳ	254.7	252.2	246.5	3.30
Ⅴ	250.2	251.9	246	2.30
Ⅵ	234.2	236.0	237.8	1.53
Ⅶ	235.8	231.2	235.3	1.97

与第一次测试数据进行比对，电阻值有变化，但不平衡现象依然比较明显，基本可以排除接线板等压接部位接触不良的问题。随后改用另一台变压器直流电阻测试仪进行测试，数据结果如表3所示。

表3 更换直阻仪后的测试数据（mΩ）

挡位	AO	BO	CO	不平衡度（%）
Ⅰ	260.6	268.7	259.5	3.50
Ⅱ	252.7	255.5	253.3	0.95
Ⅲ	246.3	255.5	247.6	3.64
Ⅳ	242.5	265.9	242.1	9.75
Ⅴ	235.5	245.0	235.9	4.12
Ⅵ	229.7	229.3	232.5	1.34
Ⅶ	230.5	233.7	224.8	3.95

通过对比可知，两台直流电阻测试仪测试数据几乎相同。测试结果中均有直流电阻不平衡度超标的分接挡位，且不合格的挡位略有变化，相同挡位下三相直流电阻每次测试值基本都不相同，差别略大。

经与生产厂家联系并探讨分析，怀疑有载开关分接触头表面附着油膜导致接触电阻偏大，进而影响三相直流电阻不平衡。

三、 隐患处理情况

为了有效去除油膜，现场首先进行了 20 次挡位切换操作，复测直流电阻情况如表 4 所示。

表 4　　　　主变压器挡位磨合 20 次后的高压绕组直流电阻测试数据（mΩ）

挡位	AO	BO	CO	不平衡度（%）
Ⅰ	261.1	263.6	259.4	1.53
Ⅱ	252.3	254.6	253.8	0.91
Ⅲ	246.9	249.2	247.2	0.85
Ⅳ	240.6	253.7	242.2	5.24
Ⅴ	236.0	236.4	235.4	0.42
Ⅵ	231.8	230.9	230.3	0.69
Ⅶ	229.3	224.0	226.5	2.37

有载开关切换磨合后，直流电阻数据有稍许改善，但依然存在三相直流电阻不平衡度超标情况。彻底去除油膜，保证接触电阻合格，再次进行 200 次左右的挡位切换操作。检测人员进行挡位切换操作后，测试数据如表 5 所示。

表 5　　　　主变压器挡位磨合 200 次后的高压绕组直流电阻测试数据（mΩ）

挡位	AO	BO	CO	不平衡率（%）
Ⅰ	257.8	259.1	258.8	0.5
Ⅱ	252.1	255.0	252.9	1.14
Ⅲ	245.9	247.3	246.8	0.57
Ⅳ	240.8	240.9	240.8	0.08
Ⅴ	233.8	234.9	236.2	1.02
Ⅵ	229.8	231.8	231.1	0.87
Ⅶ	223.9	222.6	223.0	0.58

表 5 中数据显示，变压器高压侧各分接挡位三相直流电阻不平衡度均小于 2%，符合标准要求；且自第 1 分接挡位至第 7 分接挡位呈现规律性递减趋势，测试结果正常。随后又进行了多次重复测试，试验数据稳定无明显波动，说明主变压器有载开关分接触头油膜问题得以消除。

通过本次停电例行试验，有效发现了主变压器有载开关接触电阻偏大的问题并及时消除，保证了主变压器安全可靠运行。

四、经验体会

（1）主变压器绕组直流电阻测试是反映主变压器绕组、有载调压开关、套管接线柱等各部件导体压接状况的最重要、最直接的试验项目，在交接及例行试验过程中必须严格执行直流电阻试验标准，加强试验过程管控，做到数据准确、结论明确。

（2）主变压器例行检修试验过程中，除了进行常规例行试验、防腐清扫、信号校验等工作外，还应重点检查有载调压机构、挡位观察窗、油温表、压力释放装置等部件的机械性能有无异常，发现问题及时处理，保证主变压器零缺陷投入运行。

五、检测相关信息

检测用仪器：BZC3391 变压器直流电阻测试仪；BZC 3391A 变压器直流电阻测试仪。

 变压器直流电阻试验发现触头过度磨损、积碳

设备类别：110kV 变压器
案例名称：110kV 变压器高压侧三相直流电阻不平衡率超标处理典型案例
技术类别：停电例行试验—直流电阻测试

一、故障经过

2016 年 5 月 11 日，检测人员在对某 110kV 变电站变压器进行停电例行性试验过程中，发现高压侧所有分接位置的绕组连同套管的直流电阻试验数据均超出 Q/GDW 1168—2013《输变电设备状态检修试验规程》的规定，其他例行试验项目合格。经过切换分接开关 2000 次左右、"空载"状态下动作 500 次、放油后"干磨"100 次处理后，试验数据依然超出规程要求。最后对有载分接开关进行了吊芯处理，发现三相动触头均有磨损和积碳痕迹，三相静触头表面均附着一层黄色的油泥，用砂纸进行打磨后进行试验，各项试验数据合格。

变压器型号为 SSZ10 - 50000/110；额定电压为（110±8×1.25％）/（38.5±2×2.5％）/10.5kV；制造日期为 2007 年 11 月。有载调压开关型号为 VVIII400Y - 76 - 10193WR；制造日期为 2007 年。变压器直流电阻测试仪型号为 BZC3391E；出厂日期为 2013 年 1 月 1 日；校验日期为 2015 年 7 月 28 日。

二、检测分析方法

1．2016 年 5 月 11 日试验情况

2016 年 5 月 11 日，检测人员在对该变电站变压器进行停电例行性试验时，发现高压侧所有分接位置的绕组连同套管的直流电阻试验数据均超出 Q/GDW 1168—2013

《输变电设备状态检修试验规程》的规定，中压侧和低压侧绕组连同套管的直流电阻试验数据合格。其他例行试验项目均合格。

Q/GDW 1168—2013 规定：1600kVA 以上变压器，各相绕组电阻相间的差别应小于三相平均值的 2%（警示值），无中性点引出的绕组，线间差别小于三相平均值的 1%（注意值）。

该变压器采用 VVIII400Y-76-10193WR 型有载调压开关，经与生产厂家技术人员交流，该型号有载调压开关普遍存在油膜的情况，需要反复调整分接开关位置将油膜去除，除此之外没有其他比较好的办法。

2016 年 5 月 11 日从上午 11 时开始，反复调整分接开关位置，并不断地对高压侧绕组进行试验，发现试验数据随分接位置的改变变化较大且不规律，不平衡度始终超出规程要求。变压器技术人员对套管顶端接线柱进行了紧固处理，试验数据变化不明显。分接开关动作到 2000 次左右的时候，试验数据（见表1）仍然超出规程要求。

表1　　　　　　　变压器绕组直流电阻数据（mΩ）

挡位	高压			不平衡度（%）	挡位	高压			不平衡度（%）
	AO	BO	CO			AO	BO	CO	
1	424.1	410.4	407.5	4.11	2	428.3	403.9	400.9	6.83
3	395.9	394.9	404.6	2.46	4	414.9	392.4	388.0	6.93
5	400.2	386.4	387.5	3.57	6	401.6	382.8	391.8	4.91
7	382.4	373.3	368.7	3.72	8	373.2	364.0	361.0	3.38
9	373.2	357.9	353.7	5.51	10	373.2	357.9	353.7	5.51
11	373.2	357.9	353.7	5.51	12	384.7	368.7	361.5	6.42
13	370.7	369.9	380.3	2.81	14	400.3	383.0	375.6	6.58
15	399.1	387.0	387.1	3.13	16	415.1	396.2	403.9	4.77
17	409.7	396.6	394.8	3.77	18	412.7	401.8	401.0	2.92
19	434.1	408.1	407.3	6.58					

挡位	中压			不平衡度（%）	挡位	中压			不平衡度（%）
	AO	BO	CO			AO	BO	CO	
1	39.70	39.76	40.11	1.03	2				
低压	ab	5.159	bc	5.155	ca	5.194	不平衡度（%）		0.76
油温（℃）	35	使用仪器			BZC3391E 直阻测试仪				

该变压器于 2007 年 12 月 25 日投运（投运前直流电阻数据见表2），于 2010 年进行停电例行试验（试验数据见表3），分析两次数据，有载调压开关的油膜问题已经有所体现，2010 年三相直流电阻不平衡度比 2007 年已经有了较明显的增长，但没有超出规程要求。根据检测人员回忆，2010 年已经出现不平衡度超标的情况，但是经过反复切换有载分接开关位置后，试验数据达到规程要求，但比 2007 年试验数据已经有了明显的增长。

表 2　　　　　　　2007 年投运前绕组直流电阻试验数据（mΩ）

挡位	高压			不平衡度(%)	挡位	高压			不平衡度(%)
	AO	BO	CO			AO	BO	CO	
1	366.0	365.2	365.8	0.21	2	360.7	359.3	359.6	0.38
3	354.0	353.4	353.8	0.16	4	349.8	347.6	348.0	0.63
5	342.1	341.6	342.0	0.14	6	336.7	335.6	335.7	0.32
7	330.2	329.9	329.8	0.12	8	324.5	323.9	323.9	0.18
9	317.7	317.1	316.9	0.25	10	317.7	317.1	316.9	0.25
11	317.7	317.1	316.9	0.25	12	324.6	324.1	324.2	0.15
13	330.6	330.1	330.3	0.15	14	342.5	342.1	342.3	0.11
15	342.5	342.1	342.3	0.11	16	348.5	348.1	348.4	0.11
17	354.3	354.1	353.8	0.11	18	360.1	359.9	360.1	0.05
19	365.9	365.7	365.8	0.05					

挡位	中压			不平衡度(%)	挡位	中压			不平衡度(%)
	AO	BO	CO			AO	BO	CO	
1	39.18	39.45	39.84	1.67	2	37.70	37.95	38.32	1.63
3	36.01	36.07	36.37	0.99	4	36.06	36.09	36.39	0.91
5	37.75	38.01	38.42	1.76					

低压	ab	4.695	bc	4.694	ca	4.728	不平衡度（%）	0.72
油温（℃）	15		使用仪器		BZC 直阻测试仪			

表 3　　　　　　　2010 年绕组直流电阻试验数据（mΩ）

挡位	高压			不平衡度(%)	挡位	高压			不平衡度(%)
	AO	BO	CO			AO	BO	CO	
1	418.1	414.0	411.6	1.58	2	414.7	407.9	407.2	1.84
3	404.5	403.0	402.6	0.47	4	399.0	395.7	393.6	1.37
5	389.3	390.5	387.2	0.85	6	385.9	380.9	379.0	1.82
7	378.2	375.9	371.9	1.69	8	370.2	367.3	364.6	1.54
9	361.3	360.8	356.9	1.23	10	361.3	360.8	356.9	1.23
11	361.3	360.8	356.9	1.23	12	374.1	368.1	366.8	1.97
13	378.5	374.7	376.8	1.00	14				
油温（℃）	30		使用仪器		BZC 直阻测试仪				

　　原因分析：通过与调度和运行部门沟通，根据变电站所在位置的负荷情况、有载分接开关动作计数、有载分接开关内部结构（结构图见图 1），认为是以下两点原因造成的：

　　（1）变电站所在位置的电网负荷长期趋于稳定，不需要经常调整变压器的输出电压，自 2013 年起该变压器高压侧长期处于 1 分接位置运行，导致有载调压开关室内的

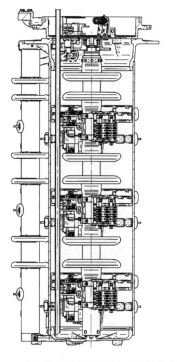

图 1　VV 型有载调压开关内部结构图

切换开关内部机械部件强度下降，致使直流电阻不平衡。

（2）变压器在有载调压过程中会产生强烈电弧，开关油室中的绝缘油被分解，产生各种烃类气体组分和氧化物、游离碳等，导致油品氧化，直至劣化，产生油泥。一方面，在高温、金属催化剂、电场等的作用下，导致分接开关触头氧化；另一方面，油泥和游离碳附着在分接开关动、静触头上，在动、静触头表面包裹着一层油污，由于碳的导电率远低于铜的导电率，因此在测试过程中造成接触不良，致使直流电阻不平衡。

2. 2016 年 5 月 15 日试验情况

（1）2016 年 5 月 13 日，生产厂家技术人员与运维检修部门协商，制定变压器有载调压开关检修试验方案。

（2）2016 年 5 月 14 日下午，检测和检修人员到达现场，因天气有雨，无法按照检修方案执行放油任务，经商议，决定将变压器调整到"热备用"状态，然后合上变压器 110kV 侧断路器，在空载运行条件下，由调度部门通过远方操作的方式，切换变压器高压侧分接位置，调整范围为 1～5 档，调整次数为 50 个循环。

2016 年 5 月 15 日上午，检测人员对切换后的高压侧进行直流电阻试验，试验数据见表 4，从表 4 中可以看出，高压侧三相直流电阻值没有得到明显改善，正常情况下，有载分接开关挡位的直流电阻值应符合递增或递减的规律，但是表 4 中的数据却参差不齐，而且不平衡度除 1 分接外，已经远远超过 DL/T 596—2005《电力设备预防性试验规程》中规定的误差。

表 4　　　　　　　　　　　　　绕组直流电阻（mΩ）

挡位	高压			不平衡度（%）	挡位	高压			不平衡度（%）
	AO	BO	CO			AO	BO	CO	
1	389.2	385.1	385.4	1.06	2	401.2	384.5	379.1	5.83
3	373.5	375.9	394.1	5.52	4	388.0	374.9	369.8	4.92
5	379.3	365.1	375.2	3.89	6				
油温（℃）	30			使用仪器	BZC3391E 直阻测试仪				

（3）按照生产厂家技术人员的要求，对高压侧套管上部连接部位进行检查、打磨并紧固，通过直流电阻测试仪对变压器高压侧通过 10A 的测试电流，在该电流下就地切换有载分接开关 1～5 挡位 20 个循环，然后进行测试，测试数据如表 5 所示，从表 5 中的数据可以看出，没有得到明显的改善。

表 5　　　　　　　　　　　　　　绕组直流电阻（mΩ）

挡位	高压			不平衡度（%）	挡位	高压			不平衡度（%）
	AO	BO	CO			AO	BO	CO	
1	392.1	387.5	386.7	1.39	2	392.0	383.9	376.4	4.05
3	373.0	375.8	387.4	3.78	4	385.7	374.0	370.3	4.19
5	378.2	363.4	379.6	4.33	6				
油温（℃）	30			使用仪器		BZC3391E 直阻测试仪			

生产厂家技术人员认为排除了绝缘油的润滑作用，"干磨"可以更好地去除油膜，所以按照检修方案，用注油机将有载调压开关油室中的绝缘油抽出，然后就地切换有载调压开关挡位，对有载调压开关触头进行"干磨"，在经过对 1～5 挡位 20 个循环的切换后，测试数据如表 6 所示。

表 6　　　　　　　　　　　　　　绕组直流电阻（mΩ）

挡位	高压			不平衡度（%）	挡位	高压			不平衡度（%）
	AO	BO	CO			AO	BO	CO	
1	406.6	396.4	386.8	5.12	2	405.1	392.3	378.5	7.03
3	376.2	386.0	378.5	2.60	4	398.5	380.9	367.3	8.49
5	384.2	373.7	363.6	5.67	6				
油温（℃）	30			使用仪器		BZC3391E 直阻测试仪			

原因分析：从以上试验过程看，可以排除外部引线不良等因素的影响，认为有载调压开关本体可能存在缺陷，因此决定对有载调压开关进行吊芯检查处理。重点检查触头系统、动作系统、弹簧等部位。

三、处理过程

（1）拆卸有载分接开关头盖，垂直吊出分接开关芯子及分接开关芯子。

（2）分接开关芯子检修：

1）分接开关芯子吊出后，先进行外观检查，发现三相触头均有磨损和积碳痕迹（如图 2 所示），用砂纸进行打磨，处理后照片如图 3 所示。

2）检查触头和弹簧有无变形或断裂现象；检查各紧固件有无松动。

3）测量过渡电阻：所有过渡电阻阻值合格。

（3）分接开关油室检修：将分接开关芯子吊出后，肉眼可见三相静触头表面均附着一层黄色的油泥，用专用砂纸将静触头上、下表面打磨干净。处理静触头上、下表面如图 4、图 5 所示。

图 2　触指打磨前　　　　　　　图 3　触指打磨后

图 4　处理静触头上表面　　　　图 5　处理静触头下表面

（4）分接开关芯子复装。

（5）注油：油室和储油柜注入新油到原来的油位。

（6）测试高压侧各分接位置的直流电阻，试验数据见表 7，从表 7 中可以看出，所有分接位置的绕组连同套管的直流电阻试验数据三相不平衡度均合格，且符合递增或递减的规律。与 2007 年交接数据比较，符合 Q/GDW 1168—2013《输变电设备状态检修试验规程》中"同相初值差不超过±2%"的要求。

表 7 绕组直流电阻（mΩ）

挡位	高压			不平衡度（%）	挡位	高压			不平衡度（%）
	AO	BO	CO			AO	BO	CO	
1	390.4	390.1	390.5	0.10	2	384.1	383.6	383.8	0.13
3	377.7	377.4	377.6	0.08	4	371.4	371.0	371.0	0.11
5	364.7	364.5	364.7	0.05	6	358.5	358.1	358.1	0.11
7	352.0	351.8	351.8	0.06	8	345.9	345.4	345.4	0.14
9	338.8	338.0	337.7	0.33	10	338.8	338.0	337.7	0.33
11	338.8	338.0	337.7	0.33	12	346.1	345.9	346.1	0.06
13	352.7	352.4	352.5	0.09	14	359.0	358.8	359.2	0.11
15	365.4	365.1	365.3	0.08	16	371.6	371.5	371.9	0.11
17	378.1	377.7	378.1	0.11	18	384.3	384.0	384.7	0.18
19	390.6	390.3	390.7	0.10					
油温（℃）		30		使用仪器		BZC3391E 直流电阻测试仪			

（7）测试高压侧所有分接头的电压比，测试数据（见表 8）合格。

表 8 电压比试验数据

电压比	AB/ab	BC/bc	CA/ca	电压比	AB/ab	BC/bc	CA/ca
分接位置	误差（%）	误差（%）	误差（%）	分接位置	误差（%）	误差（%）	误差（%）
1	−0.01	+0.01	−0.01	2	+0.00	+0.00	−0.02
3	+0.02	+0.01	−0.01	4	+0.02	+0.03	+0.01
5	+0.03	+0.02	+0.00	6	+0.03	+0.03	+0.02
7	+0.02	+0.03	+0.02	8	+0.04	+0.03	+0.02
9	+0.04	+0.03	+0.01	10	+0.04	+0.03	+0.01
11	+0.04	+0.03	+0.01	12	+0.04	+0.04	+0.03
13	+0.05	+0.05	+0.04	14	+0.04	+0.05	+0.03
15	−0.02	−0.02	−0.04	16	−0.02	−0.02	−0.03
17	−0.01	+0.00	−0.01	18	+0.01	+0.00	+0.00
19	+0.01	+0.00	+0.00	11	+0.04	+0.03	+0.01

试验仪器：BBC6638；仪器编号：JD1732。

（8）进行有载分接开关的切换试验，测量过渡时间、过渡波形、过渡电阻值和三相同期性，测得的过渡电阻阻值符合生产厂家技术要求，切换过程无断点（波形图见图 6）。

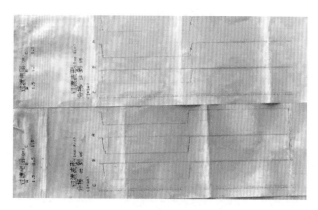

图 6 有载调压开关过渡波形图

（9）进行有载调压开关油室绝缘油试验，合格。试验数据见表 9。

表 9 有载调压开关油室绝缘油试验数据

生产厂家	××电气股份有限公司			出厂日期	2007－11－01
出厂编号	07220187	额定容量（MVA）	50	型号	SSZ10 - 50000/110
油产地	新疆克拉玛依	油重	20	电压等级	交流 110kV
有载分接开关试验（油耐压测量）				ABCO	
油击穿电压（kV）				46.8	
试验仪器：KD9703；仪器编号：97013。					

原因分析：通过对有载分接开关的吊芯检查和处理，发现内部机械部件强度没有明显下降；而油泥和积碳是造成此次直流电阻三相不平衡率超标的原因，在对动触头和静触头分别清理后，所有试验数据均合格。

四、经验体会

（1）对于采用 VVIII400Y - 76 - 10193WR 型有载分接开关的变压器，在进行直流电阻测试时，如遇到此种情况，可以采用本次测试过程中的步骤和方法，逐步排除此类故障，必要时联系生产厂家技术人员进行吊芯处理。

（2）采用有载调压开关的变压器由于普遍存在"油膜"现象，因此在开展例行试验工作前，可联系调度部门对该变压器高压侧采用"空载"状态下多次切换的方式，可以提高直流电阻的测试效率。

（3）严格执行分接开关的定期检查和试验规定，重视直流电阻的测试、过渡过程中切换波形图分析等试验，当发现试验数据变化时，应综合分析试验数据偏差原因，确保不漏查缺陷，必要时联系生产厂家进行吊芯检查处理，分接开关检查时要仔细对动触头和静触头接触紧密程度、过渡电阻材质性质、绝缘筒密封等进行全面深入检测。

五、相关检测信息

检测用仪器：BZC3391E 变压器三通道直流电阻测试仪；BBC6638 变比测试仪；

BYCC-3168G 有载分接开关测试仪；KD9703 绝缘油介电强度测试仪。

[案例五] 变压器高压侧直流电阻超标发现连接片接触不良

设备类别：220kV 主变压器
案例名称：变压器高压侧直阻异常分析
技术类别：停电例行试验—直流电阻测试

一、 故障经过

某 220kV 变电站变压器型号为 SFSZ10-180000/220，2010 年 6 月投入运行。2016 年 2 月 24 日对该主变压器进行停电例行检修试验，在绕组直流电阻测试过程中发现高压侧 B 相直流电阻明显偏大，导致三相直流电阻不平衡度超标。检测人员经过多次试验并综合诊断分析，初步判断套管顶端接线板接触不良导致该相直流电阻值偏大；随后，检修人员将接线板拆开并擦除表面氧化层，重新涂抹导电膏，更换锈蚀螺栓；然后进行恢复紧固，并对接线板压接处进行回路电阻测试；最后重新测试高压侧绕组直流电阻，各挡位数据合格。主变压器恢复送电后，进行红外测温，各相套管无明显发热状况，缺陷成功消除。检测人员通过精心的检修试验工作，及时发现 220kV 主变压器的潜在安全隐患并消除，有效避免了主变压器故障及电网跳闸事故的发生。

二、 检测分析方法

根据停电计划安排，变压器于 2 月 24 日停电进行例行检修试验工作。检测人员首先进行了绕组连同套管的直流电阻测试，发现高压侧 B 相直流电阻明显偏大，导致三相之间直流电阻不平衡度超标，测试情况见表 1。

表 1　　　　　　　　　　变压器高压侧直流电阻测试数据表

高压挡位	AO（mΩ）	BO（mΩ）	CO（mΩ）	不平衡度（%）
1	298.1	303.9	299.3	1.93
2	292.4	298.2	294.1	1.97
3	288.2	294.5	290.0	2.17
4	283.5	289.4	284.8	2.06
5	278.7	284.7	280.1	2.13

表中 1~5 分接挡位测试数据显示，无论奇数挡位或偶数挡位，B 相直流电阻普遍偏大，几乎均超出了状态检修试验规程关于主变压器相间直流电阻不平衡度不大于 2% 的要求。

针对直流电阻异常问题，检测人员现场采取了挡位切换磨合、三相同时测试及单

19

相逐个测试的试验方法，排除干扰因素并明确问题根源。从多次复测结果分析，奇数挡和偶数挡均存在 B 相直流电阻明显偏大的情况，因此有载开关挡位切换不是造成直流电阻异常的主要原因，B 相绕组内部接触不良或套管处导体松动是导致 B 相直流电阻持续偏大的直接原因。

三、隐患处理情况

检修人员将变压器高压侧 B 相套管顶端接线板拆除，发现接线板压接处导电膏干涩严重，螺栓明显锈蚀，随后用砂纸对接线板压接面打磨去除氧化层，重新涂抹导电膏，更换锈蚀螺栓，然后恢复安装并进行紧固处理。

主变压器套管接线板处理完毕后，重新进行 1～17 挡位高压侧绕组直流电阻测试，各挡位数据以 9 挡位为中心呈现对称性，且各挡位三相直流电阻不平衡度值均小于 1%，试验结果合格。直流电阻数据如表 2 所示。第 15 分接挡位直流电阻测试情况如图 1 所示。

表 2　　　　　　　　　　处理后的高压侧直流电阻测试数据表

高压挡位	AO（mΩ）	BO（mΩ）	CO（mΩ）	不平衡度（%）
1	297.6	299.4	299.7	0.70
2	292.6	294.5	294.5	0.64
3	288.1	288.3	289.9	0.65
4	283.0	284.7	284.8	0.63
5	278.4	280.1	280.2	0.64
6	273.2	274.9	275.0	0.66
7	269.0	270.8	270.5	0.66
8	263.7	265.5	265.5	0.67
9	258.6	259.6	258.6	0.38
10	262.0	263.5	262.2	0.57
11	269.3	270.8	270.9	0.59
12	273.7	275.5	275.1	0.65
13	278.4	279.7	279.7	0.53
14	283.1	284.5	284.6	0.52
15	289.2	290.8	290.5	0.55
16	292.6	294.2	294.2	0.54
17	297.1	298.8	298.9	0.60

2016 年 2 月 26 日主变压器检修工作结束后恢复送电，2 月 27 日进行红外测温复测，三相套管整体及接线板处温度正常，无明显发热现象。红外测温图谱如图 2 所示。

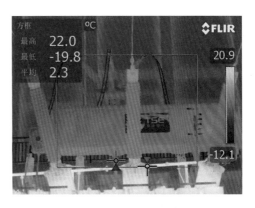

| 图 1　第 15 分接挡位直流电阻测试情况 | 图 2　红外测温图谱 |

变电检修工作人员通过现场检修试验工作，及时发现了 220kV 主变压器重要隐患并予以消除，有效避免了主变压器故障及电网跳闸事故的发生。

四、经验体会

（1）主变压器绕组直流电阻测试是反映主变压器绕组、有载调压开关、套管接线柱等各部件导体压接状况最重要、最直接的试验项目，在交接及例行试验过程中必须严格执行直流电阻试验规程，加强试验过程管控，做到数据准确、结论明确。

（2）红外测温是查找、诊断设备发热缺陷的有效手段，在带电测试及隐患排查工作中发挥着重要作用。在日常巡视、专项特巡及带电测试工作中，应加强红外热像检测。加强红外测温专项技术学习培训，提高测试人员的分析诊断能力。

（3）坚持逢停必检原则，利用停电机会，开展绝缘子清扫、防锈处理、螺栓紧固、零部件更换等综合治理工作，保证设备零缺陷投运。

五、检测相关信息

检测用仪器：FLIR T610 红外热像仪；BZC3396 直流电阻测试仪。

　变压器高压侧直流电阻超标发现将军帽背帽反装

设备类别：110kV 变压器
案例名称：110kV 变压器高压侧绕组直流电阻超标典型案例
技术类别：停电例行试验—直流电阻测试

一、故障经过

某 110kV 变电站变压器，2013 年 9 月出厂，设备型号为 SSZ11 - 50000/110，高压侧采用有载调压方式，2014 年 5 月投入运行。

2016 年 3 月 24 日，检测人员对变压器进行停电例行试验，对变压器进行高压侧绕组直流电阻测试后，发现 B 相直流电阻偏大，三相绕组直流电阻不平衡度超过 2％。检修人员打开线夹检查，发现高压侧 B 相套管铲形线夹下部将军帽内背帽装反，导致导线杆与背帽连接不够紧固，A、C 两相背帽安装正确，将 B 相背帽重新安装后再次测试直流电阻，直流电阻明显降低，三相绕组直流电阻不平衡度降为 0.3％左右。

二、试验分析方法

2016 年 3 月 24 日，检测人员对进行变压器及三侧设备停电例行试验，在进行变压器高压侧绕组直流电阻测试时，发现 B 相绕组直流电阻偏大，三相绕组直流电阻不平衡度超过 2％，检查测试线夹连接情况，并反复转换分接开关后，直流电阻值没有明显变化，如表 1 所示。现场测试情况见图 1。

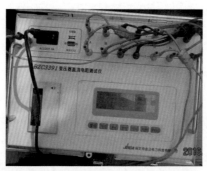

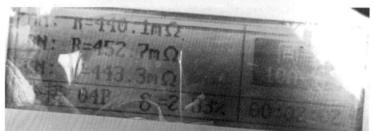

图 1　变压器绕组直流电阻测试

根据 Q/GDW 1168—2013《输变电设备状态检修试验规程》规定：①1.6MVA以上变压器，各相绕组电阻相间的差别不应大于三相平均值的 2％（警示值），无中性点引出的绕组，线间差别不应大于三相平均值的 1％（注意值）；②同相初值差不超过±2％（警示值）。

表 1　　　　变压器高压侧直流电阻试验数据（换算到油温 22℃，mΩ）

分接位置	AO			BO			CO			不平衡度（％）	
	上次	本次	初值差	上次	本次	初值差	上次	本次	初值差	上次	本次
1	457.6	454.5	−0.68	458.5	470.5	2.62	460.2	456.2	−0.87	0.55	3.13
2	452	448.9	−0.69	452.8	464.2	2.52	454.4	450.6	−0.84	0.52	3.01

分接位置	AO			BO			CO			不平衡度（%）	
	上次	本次	初值差	上次	本次	初值差	上次	本次	初值差	上次	本次
3	446.3	443.2	−0.72	447.2	458.4	2.50	448.6	444.9	−0.82	0.50	3.03
4	442.0	440.1	−0.43	441.5	452.7	2.54	444.9	443.3	−0.36	0.47	2.83
5	434.7	432.9	−0.67	435.5	446.8	2.60	436.8	433.4	−0.78	0.47	3.09
6	429.0	426.3	−0.44	430.0	441.3	2.63	431.1	427.7	−0.79	0.50	3.18
7	423.1	420.5	−0.64	424.2	435.2	2.59	425.3	421.9	−0.8	0.48	3.15
8	416.8	414.0	−0.65	417.7	428.0	2.47	418.7	415.3	−0.81	0.47	3.06
9	409.2	406.5	−0.66	409.6	420.5	2.66	409.8	406.5	−0.81	0.14	3.44
10	416.0	413.3	−0.63	417.2	427.4	2.45	418.0	414.7	−0.79	0.49	3.06
11	421.9	419.1	−0.64	423.0	433.6	2.51	423.8	420.5	−0.78	0.46	3.11

从表1可以看出，高压侧各挡位三相直流电阻不平衡率均大于2%，同时B相初值差超过2%，11个挡位试验数据的初值差集中在2.4%～2.7%之间。考虑到切换分接开关后直流电阻值没有明显变化，推断B套管与引线接头部位存在问题。

三、隐患处理情况

检修人员打开B相套管线夹检查，发现B相套管铲形线夹下部将军帽内的背帽装反，如图2、图3所示。

图2 现场人员检查B相套管线夹

(a)   (b)

图3 B相套管线夹内背帽安装照片
(a) 错误方式；(b) 正确方式

在背帽装反的情况下，背帽与将军帽内侧的接触面积变小，法兰与导线杆紧固不

够，无法紧固到位，导致接触电阻变大。检修人员检查背帽没有损伤后，将背帽重新放置。检查 A、C 两相，没有发生背帽反置的情况。

处理后，检测人员再次对变压器高压侧绕组进行直流电阻测试，B 相绕组直流电阻明显降低，各分接位置三相不平衡度均小于 0.4％，如图 4、表 2 所示。

图 4　处理后直流电阻测试值

表 2　　　　处理后变压器高压侧直流电阻试验数据（换算到油温 22℃，mΩ)

分接位置	AO	BO	CO	不平衡度（%）
1	454.5	454.6	456.2	0.37
2	448.9	449.0	450.6	0.38
3	443.2	443.3	444.9	0.38
4	437.6	437.6	439.2	0.37
5	431.9	431.9	433.4	0.35
6	426.3	426.3	427.7	0.33
7	420.5	420.5	421.9	0.33
8	414.0	414.0	415.3	0.31
9	406.5	406.0	406.5	0.12
10	413.3	413.4	414.7	0.34
11	419.1	419.2	420.5	0.33

四、 经验体会

（1）这是一起典型的由安装工艺造成的设备隐患，反映了安装人员责任心不强、安装技能短缺的问题。由于发现及时，避免了一起因套管线夹内部接头过热造成的变压器故障。

（2）在设备交接、安装过程中，要严把安装质量关，严格按照安装手册进行操作，并进行现场工艺验收，严格执行安装工作全程监造，坚决避免因安装工艺问题导致的设备隐患。

（3）测试变压器绕组连同套管的直流电阻，可以检查绕组内部导线接头的焊接、压接质量，套管引线与绕组接头的焊接质量，以及线夹内部连接是否紧密，分接开关各分接位置与引线接触是否良好等问题，是电气试验工作的一个重要项目，一旦发现直流电阻三相不平衡度或初值差偏大，应及时查明原因并处理。

五、 检测相关信息

检测用仪器：BZC3391 变压器直流电阻测试仪。

变压器高压侧直流电阻超标发现将军帽烧损

设备类别：110kV 主变压器
案例名称：110kV 变压器直流电阻超标缺陷
技术类别：停电例行试验—直流电阻测试

一、故障经过

某 110kV 变电站变压器型号为 SSZ10‑50000/110，2008 年 1 月 21 日投运，历次试验均合格。

2016 年 6 月 2 日，检测人员对变压器进行例行试验，试验中发现变压器高压侧绕组直流电阻三相不平衡度超出规程要求的 2%，A 相直流电阻值明显高于其他两相。检测人员排除干扰，多次试验后，试验数据仍然超出规程要求，但其他试验项目均合格。检修人员将变压器高压侧三相套管佛手全部拆除，再次进行试验，直流电阻仍然不合格。之后，检修人员对三相套管的将军帽进行拆除，发现故障相 A 相套管的将军帽内部有明显烧焦痕迹，需要更换。

变电运检人员立即调取备品备件，对烧焦的将军帽进行更换，并对连接部位进行处理。更换处理完毕对连接部位进行紧固之后，再次进行直流电阻试验，试验合格，缺陷排除。

二、检测分析方法

2016 年 6 月 2 日，检测人员对变压器进行例行试验，其中绕组连同套管绝缘电阻及介质损耗试验、套管电容值及介损试验、绕组变形试验的试验结果均符合规程要求，但是变压器高压侧绕组的直流电阻三相不平衡度超出规程要求的 2%，A 相直流电阻值明显高于其他两相。

现场分别用了以下测试方法：

1. 直流电阻试验

2016 年 6 月 2 日，检测人员对该站变压器进行例行试验，发现主变压器高压侧三相直流电阻值超出规程要求，经过更换试验线、打磨触头等，排除干扰因素后，试验数据仍不合格。试验数据如表 1 所示。

表 1　　　　　　套管触头打磨后试验数据（油温/湿度：26℃/48%）

挡位	AO（mΩ）	BO（mΩ）	CO（mΩ）	三相不平衡度（%）
9	441.2	391.7	391.9	12.12
10	449.7	400.3	399.9	11.96
11	454.3	405.5	405.6	11.57
12	459.2	412.1	411.9	11.06

从表 1 中数据可以看出，三相不平衡度远远大于 Q/GDW 1168—2013《输变电设备状态检修试验规程》中对于变压器直流电阻的标准要求值 2%。而且从数据规律可以发现，A 相直流电阻均匀增加。因此可以判断，A 相套管某连接处存在接触不良故障。

得出 A 相直流电阻最大后，检修人员决定打开低压侧 A 相套管与变压器本体的连接部分。

之后，检修人员对高压侧三相套管的佛手全部拆除，重新进行直流电阻试验，试验数据仍然不合格，同之前的试验数据趋势相同，A 相的电阻值仍然偏高。试验数据如表 2 所示。

表 2　　　　　　　　套管拆除佛手后试验数据（油温/湿度：26℃/48%）

挡位	Ab（mΩ）	Bc（mΩ）	Ca（mΩ）	三相不平衡度（%）
9	437.9	388.8	389.6	12.11
10	446.1	397.0	396.8	11.93
11	451.2	402.3	402.6	11.56
12	456.0	408.9	409.0	11.04

现场工作人员经过分析，怀疑为套管内部引线连接不良，不是简单的佛手表面接触不良，遂对三相套管的将军帽进行拆除。在对 A 相（直流电阻偏大相）套管将军帽拆除后，发现将军帽内部有明显的烧焦痕迹，见图 1，找到了直流电阻偏大的原因。

图 1　烧焦的将军帽

迅速联系备品备件对其进行更换，更换完毕并打磨紧固后，重新进行试验，直流电阻试验合格，缺陷解决。试验数据如表 3 所示。

表 3

更换将军帽后试验数据（油温/湿度：26℃/48%）

档位	AO（mΩ）	BO（mΩ）	CO（mΩ）	三相不平衡度（%）
1	432.1	434.6	435.8	0.8563
2	426.9	428.8	430.3	0.7964
3	420.1	422.7	423.2	0.7379
4	414.6	416.6	417.2	0.6271
5	410	410.7	412.4	0.5854
6	403.1	404.8	405.8	0.6698
7	397.1	398.8	399.7	0.6547
8	391.1	392.7	393.8	0.6904
9	383	384.2	386	0.7833
10	390.8	392.9	392.9	0.5374
11	396.9	398.4	398.8	0.4787
12	402.8	404.8	405.1	0.5710

2. 变比试验

现场检测人员初次试验，发现主变压器直流电阻不合格后对触头进行打磨，直流电阻值仍然不合格。现场检测人员为判断主变压器有载开关是否存在故障，对主变压器进行了变比试验，试验结果合格，排除了有载开关触点接触不良的问题，试验数据如表 4 所示。

表 4 现场变比试验数据（油温/湿度：26℃/48%）

挡位	高压/低压			挡位	高压/低压		
	AB/ab	BC/bc	CA/ca		AB/ab	BC/bc	CA/ca
1	−0.02	−0.06	−0.06	2	−0.04	−0.07	−0.07
3	−0.04	−0.06	−0.06	4	−0.04	−0.08	−0.08
5	−0.05	−0.09	−0.08	6	−0.06	−0.10	−0.08
7	−0.07	−0.10	−0.10	8	−0.07	−0.11	−0.11
9	−0.09	−0.12	−0.11	10	−0.1	−0.14	−0.11
11	−0.1	−0.15	−0.15	12	0.13	−0.15	−0.15

之后检测人员依次拆除佛手、将军帽进行直流电阻试验，直至发现问题。

三、隐患处理情况

2016 年 6 月 2 日，检测人员发现直流电阻试验数据不合格后，现场工作人员先后进行了以下处理：

（1）排除干扰因素，对套管触头进行打磨处理，更换试验线进行试验，发现试验数据依然不合格，初步确定套管内部存在隐患。

（2）进行变比试验，试验合格，排除主变压器有载开关故障。

（3）现场检修人员对三相套管佛手进行拆除，对拆除后的套管重新进行直流电阻试验，试验仍然不合格，需要对套管做进一步的拆除。

（4）现场检修人员对套管的将军帽进行拆除，拆除 A 相套管将军帽后，发现将军帽内部有明显的烧焦痕迹，需要立即更换处理。

（5）现场检修人员立即联系车间，调取备品备件，同时对 A 相套管进行打磨修复处理，备品备件到达后进行更换，紧固后重新进行试验，试验合格，隐患处理完成。

（6）为防止由于将军帽内部烧灼导致绝缘油性能下降，检测人员立即取变压器油样进行油中溶解气体分析，并与历次数据进行对比，试验结果如表 5 所示。

表 5　　　　　　　　　变压器油色谱分析历史数据

分析时间	氢气	一氧化碳	二氧化碳	甲烷	乙烯	乙烷	乙炔	氧	总烃
2015 年 8 月 14 日	3.34	733.28	3773.96	47.32	14.27	15.85	0	0	77.17
2016 年 2 月 16 日	4.21	670.88	3638.38	41.91	13.15	14.76	0	0	69.82
2016 年 6 月 4 日	9.87	763.89	3059.12	46.62	13.77	19.49	0	0	80.14

可以看出，变压器本体绝缘油各项指标正常，不含超标气体，不存在绝缘劣化以及发热放电等迹象。

四、经验体会

（1）变压器直流电阻试验能够有效检测变压器各部分线夹、引线连接不良等造成直流电阻超标的缺陷。试验过程中，可以根据试验结果，对可能存在故障的部位进行依次排除。同时可以结合变比试验等辅助故障类型的判断。

（2）在直流电阻试验中由于污秽、接触面小等原因造成试验数据有较大偏差，试验时要多次试验，排除因为接触不良等对试验数据产生的影响。

（3）随着运行时间的增长、负荷的增加，变压器内部连接不良会导致发热，造成变压器故障从而影响电网的稳定运行，直流电阻试验是检查变压器内部接线是否良好的重要手段。如本次试验三相不平衡度偏大，日后需要通过带电检测和例行试验进行跟踪检测。

五、检测相关信息

检测用仪器：JYR-20 直流电阻测试仪；SM63 变压器变比测试仪；ZF-301A 油色谱分析仪。

变压器中压侧直流电阻超标发现引线柱烧损

设备类别：220kV 主变压器
案例名称：变压器 110kV 侧直流电阻超标案例
技术类别：停电例行试验—直流电阻测试

一、故障经过

在对某 220kV 变压器进行直流电阻测试过程中，检测人员发现变压器中压侧直流电阻数据超标缺陷。为杜绝事故发生，检测人员协同变电检修班组人员对该主变压器进行了消缺处理，检修完毕送电后设备运行正常。

二、检测分析方法

2016 年 4 月 21 日在对变压器进行直流电阻测试过程中发现，中压侧直流电阻数据异常，不平衡度达 4.3%，具体测试数据及 2010 年停电时变压器中压侧直流电阻试验数据如表 1 所示。

表 1 换算至 25℃后的直流电阻比较

试验日期	油温（℃）	挡位	AO（mΩ）	BO（mΩ）	CO（mΩ）
2016 年 4 月 21 日	25	中压侧	72.15	69.37	69.17
2010 年 10 月 28 日	25	中压侧	69.11	69.21	69.12
和上次相比的直流电阻不平衡率（%）			4.4	0.23	0.07

Q/GDW 1168—2013《输变电设备状态检修试验规程》规定：1600kVA 以上（有中性点）的变压器，各相绕组电阻相间的差别不应大于三相平均值的 2%（警示值）。与上次相同部位测得值比较，其变化不应大于 2%。

由表 1 可以看出，换算到 25℃后，A、B、C 三相电阻互差分别为 4.4%、0.23%、0.07%，其中 A 相直流电阻值显著增加，互差 4.4%明显大于 2%的标准，B、C 两相符合要求，可判断为 110kV 侧 A 相存在缺陷。

三、隐患处理情况

造成变压器绕组三相电阻不平衡的原因有以下几种情况：①分接开关接触不良；②引线和绕组接触不良；③绕组或引出线有折断；④层、匝间出现短路现象。

因为该变压器为高压侧调压，中压侧不存在分接开关换挡现象，可排除第 1 种情况。由于 A 相直流电阻变化趋势是增大，故排除了层、匝间短路的可能。A 相直流电阻增长幅度不是很大，基本排除绕组或引出线有折断的可能。因此，初步判断为引线和绕组接触不良，应该是套管引出线终端（俗称将军帽）内部存在异常。随后检修人员将引出线终端打开，发现绕组引出线柱螺纹处已烧蚀变黑（见图1），同时将军帽内侧也可看到变色（见图2），可以确定发热原因由此产生。

 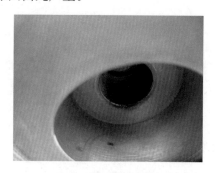

图1　绕组引出线柱　　　　　　　　　　图2　将军帽内部

针对以上情况分析，该处缺陷是由于在安装套管引出线终端时，可能在螺纹处涂抹了较多硅脂，由于长期运行在大电流下发生变化，逐步烧蚀造成接触面电阻增大。

针对该缺陷，变电检修人员使用酒精全面清洗导电部分及接触面、使用钢丝刷清除氧化层，清理完成后恢复将军帽状态，再次进行直流电阻测试，数据恢复合格、平衡，测量数据见表2。

表2　　　　　　　　　　　变压器处理后的中压侧直流电阻数据

挡位	油温	试验值（mΩ）			不平衡度（%）
		AO	BO	CO	
中压侧	42℃	73.92	74.09	73.89	0.27

通过以上数据的判断及现场的处理过程，验证了上面的推断：穿缆引线鼻子与绕组将军帽接触不良，导致A相直流电阻数值增大，从而导致三相直流电阻不平衡度超标。

四、经验体会

（1）变压器绕组的直流电阻测试是变压器在交接、大修、例行停电试验中不可缺少的试验项目，通过测量直流电阻可以有效地反映绕组焊接质量，分接开关接触是否良好，绕组或引线有无断裂，有无层、匝间短路等现象。

（2）变压器中压侧直流电阻不平衡，主要是该侧A相引线与绕组接触不良造成的，直流电阻的测试数据很好地反映了缺陷的真实情况。

（3）在生产运行中，必须加强例行试验的严谨性和准确性，及时根据测试数据的变化情况，结合设备内部结构特点、设备运行情况以及外部因素进行综合判断，加强监督，防止事故的发生。

五、检测相关信息

检测用仪器：BZC3395直流电阻测试仪。

第二章　变压器有载调压分接开关检测异常典型案例

[案例一]　变压器有载调压开关特性测试电流断流

设备类别：110kV 1 号主变压器有载调压分接开关
案例名称：停电例行试验发现变压器有载调压分接开关试验不合格
技术类别：停电诊断性试验——有载调压分接开关特性测试

一、故障经过

110kV 变压器型号为 SSZ11‑50000/110，出厂日期为 2012 年 9 月，2013 年 4 月投运。分接开关型号为 CMⅢ‑350Y/63B‑10193W。变压器在运行中常发轻瓦斯信号，检测人员在 2016 年 4 月 15 日变压器进行停电例行试验时，增加有载调压分接开关试验，试验时发现变压器有载调压分接开关测试电流发生断流现象。

2016 年 4 月 15 日，检修人员对分接开关进行吊罩检查，发现分接开关各组触头因为火花放电氧化严重，触头表面发黑，生产厂家人员对各触头进行打磨处理，并将分接开关变压器油进行更换，处理后分接开关试验合格。

二、检测分析方法

2016 年 4 月 15 日，电气检测人员对该站变压器进行停电例行试验，该站变压器在运行中常发轻瓦斯信号，对有载分接开关进行试验，发现 1 号主变压器有载调压开关测试电流发生断流现象，如图 1 所示（1~17 号分接头过渡过程均出现断流现象）。

从图 1 可以看出，分接开关在奇数分接头到偶数分接头切换过程中 A、B 两相出现 2 次断流现象，C 相出现 1 次断流现象，在偶数分接头到奇数分接头切换过程中 A、B、C 三相在快结束时出现 1 次断流现象。分接开关在切换过程中会发生火花放电，造成 1 号主变压器在运行中经常发轻瓦斯信号。

三、解体检查情况

2016 年 4 月 15 日，检修人员对分接开关进行大修处理。分接开关吊芯检查时发现各组触头因为火花放电氧化严重，触头表面发黑，遂对各触头进行打磨处理，并将分接开关变压器油进行更换。处理后检测人员对分接开关进行试验，切换过程合格，如图 2 所示。

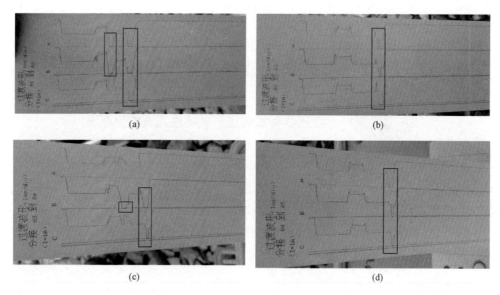

图1 变压器有载调压分接开关过渡波形图

(a) 1～2号分接头切换过程；(b) 2～3号分接头切换过程；(c) 3～4号分接头切换过程；

(d) 4～5号分接头切换过程

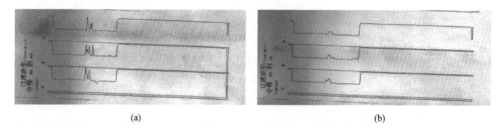

图2 变压器有载调压分接开关处理后过渡波形图

(a) 8～9号分接头切换过程；(b) 9～10号分接头切换过程

更换后的有载调压分接开关变压器油耐压值为60kV，符合规程要求。

四、经验体会

当变压器发轻瓦斯信号时要及时对分接开关进行试验，以确定分接开关是否存在问题。

五、检测相关信息

检测用仪器：有载调压分接开关测试仪3168G。

变压器有载调压分接开关特性测试过渡电阻不平衡

设备类别：220kV 变压器有载调压分接开关
案例名称：有载调压分接开关试验案例
技术类别：停电诊断性试验—有载调压分接开关特性测试

一、故障经过

220kV 变压器型号 SFSZ10‑150000/220，由于低压绕组抗短路能力不足，2015 年 9 月 23 日进行返厂大修。该变压器于 2015 年 11 月完成所有出厂试验后，2015 年 11 月 30 日到站进行安装。

2015 年 12 月 8 日检测人员对变压器进行大修后交接试验，在进行有载开关直流测试时，发现 B 相过渡电阻值在 3 分接头到 4 分接头、11 分接头到 12 分接头时远远大于 A、C 相。2015 年 12 月 9 日检修人员将该有载调压分接开关吊出油箱、解体，发现在 4 分接头、12 分接头选择开关触头存在氧化现象，检修人员随即用砂纸将其打磨光滑，检测人员再次进行测试，三相过渡电阻基本一致。

二、检测分析方法

2015 年 12 月 8 日检测人员对变压器进行大修后交接试验，在进行有载开关直流测试时，发现 B 相过渡电阻值在 3 分接头到 4 分接头时 A 相 3.8Ω、B 相 49.1Ω、C 相 4.0Ω，如图 1 所示；11 分接头到 12 分接头时 A 相 4.5Ω、B 相 48.9Ω、C 相 4.4Ω，如图 2 所示，B 相较 A、C 两相数值大很多。而在其他分接头过渡时三相电阻基本一致，比如从 6 分接头到 7 分接头，三相过渡电阻分别为：A 相 2.5Ω、B 相 2.9Ω、C 相 2.5Ω；从 8 分接头到 9 分接头，过渡电阻三相分别为：A 相 1.8Ω、B 相 2.6Ω、C 相 2.4Ω，如图 3、图 4 所示。

图 1　3 分接头到 4 分接头过渡波形　　图 2　11 分接头到 12 分接头过渡波形

33

图3　6分接头到7分接头过渡波形　图4　8分接头到9分接头过渡波形

结合主变压器高压绕组接线及有载调压开关的结构，分别如图5及图6所示，怀疑3分接头、4分接头、11分接头及12分接头可能存在触头氧化现象。

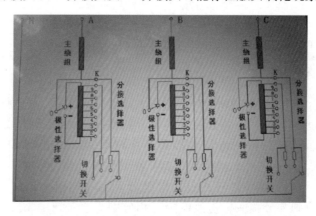

图5　主变压器高压绕组接线示意图

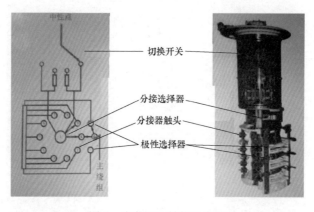

图6　有载调压结构示意图

三、 隐患处理情况

2015 年 12 月 9 日检修人员将该有载调压开关吊出油箱、解体，发现在 4 分接头、12 分接头选择开关触头存在氧化现象，如图 7 所示，检修人员随即用砂纸将其打磨光滑，如图 8 所示，检测人员再次进行测试，三相过渡电阻基本一致，3 分接头到 4 分接头时，过渡电阻分别为：A 相：3.8Ω B 相：3.9Ω C 相，如图 9 所示；4.0Ω，10 分接头到 11 分接头时，过渡电阻分别为：A 相：4.5Ω B 相：4.5Ω C 相：4.4Ω，如图 10 所示。

图 7　4 分接头选择开关触头氧化情况　　　图 8　4 分接头选择开关触头用砂纸打磨后

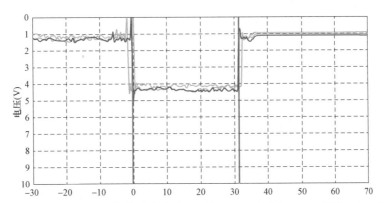

图 9　3 分接头到 4 分接头过渡图形（A 相：3.8Ω B 相：3.9Ω C 相：4.0Ω）

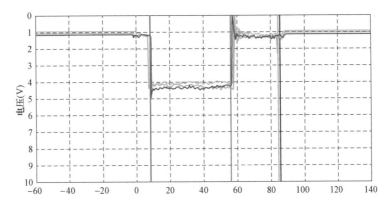

图 10　10 分接头到 11 分接头过渡图形（A 相 4.5Ω，B 相 4.5Ω，C 相 4.4Ω）

四、 经验体会

有载调压开关常见的故障分内部故障和外部故障：内部故障主要出现在有载调压分接开关本体；外部故障出现在从电动操动机构到有载调压分接开关本体的传动轴这一范围内。

排除完外部故障后，应将有载调压分接开关吊出油箱拆开检查，如果过渡电阻三相差别较大，需要重点检查选择开关触头及切换开关触头，若每个分接过渡电阻均差别较大，应重点检查切换开关触头，若个别几个分接过渡电阻差别较大，其余几个分接过渡电阻基本一致，应重点检查选择开关触头。

之前在变压器出厂试验时，监造人员对有载分接开关关注不够，之后应重点关注有载分接开关的过渡电阻及切换时间，在其合格的情况下才能出厂。

五、 检测相关信息

检测用仪器：变压器有载开关特性测试仪；3168G 型电力变压器有载分接开关参数综合测试仪。

 变压器有载调压开关挡位直流电阻值异常检测

> 设备类别：220kV 变压器有载分接开关
> 案例名称：有载分接开关直流电阻数据异常
> 技术类别：停电诊断性试验—直流电阻测试

一、 故障经过

2015 年 7 月 27 日，检测人员对返厂大修后的 220kV 变压器进行投运前的交接试验工作。变压器绕组直流电阻测试过程中，测试数据见表 1，发现高压侧 B 相直阻较 A、C 两相偏大，且各挡位之间直阻变化的步幅值没有规律性。

变压器型号为 SFSZ10－150000/220，2015 年 7 月 25 日返厂大修后现场安装就位。有载开关为 UCGRN 650/400/C 型。

表1 变压器高压侧直流电阻测试数据

高压挡位	AO（mΩ）	BO（mΩ）	CO（mΩ）	不平衡率（%）
1	512.9	519.2	512.5	1.30
2	505.3	509.5	506.5	0.82
3	501.8	505.5	501.5	0.80
4	492.0	495.8	492.8	0.61
5	488.6	492.4	487.4	1.02
6	478.5	483.0	479.5	0.94
7	475.2	479.4	473.9	1.16

高压挡位	AO (mΩ)	BO (mΩ)	CO (mΩ)	不平衡率 (%)
8	465.4	469.7	466.4	0.92
9	459.6	462.6	459.7	0.65
10	465.4	469.6	466.5	0.90
11	475.5	482.5	474.1	1.76
12	478.7	482.9	480.0	0.87
13	488.7	496.2	487.6	1.75
14	491.8	496.5	493.1	0.95
15	503.9	510.1	500.8	1.84
16	505.3	509.4	506.2	0.81
17	514.6	523.6	512.8	2.01

表 1 中数据显示，B 相直流电阻普遍偏大，所有偶数挡位三相直流电阻互差均在 1% 以下，大部分奇数挡位三相互差大于 1%，甚至在第 17 分解挡位达到 2.01%，超过了状态检修试验规程关于主变压器相间直流电阻互差不大于 2% 的标准要求。

二、检测分析方法

针对直流电阻异常问题，检测人员现场采取了挡位切换磨合、接线柱螺栓紧固等处理措施，并利用三相同时测试及单相逐个测试的试验方法，排除干扰因素并查找问题根源；经过多次试验后，确定有载调压开关机构存在挡位接触不良或挡位错位情况。检测人员现场对有载调压开关机构检查过程中，发现有载调压机构挡位指示与主变压器上端挡位观察窗内标示不符，两者相差一个挡位，见图 1。从直流电阻和变比试验测试情况初步分析，主变压器上端挡位观察窗内标示可能有误。

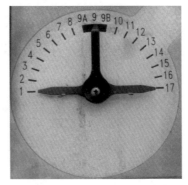

图 1 两机构挡位指示不一致

三、隐患处理情况

鉴于类似问题曾导致主变压器事故的发生，变电检修室立即将现场情况汇报电力公司运检部门，经讨论研究后通知设备生产厂家赶赴现场配合处理。2015 年 7 月 29 日，主变压器有载调压机构进行了吊芯处理，见图 2。

检修人员对挡位切换载流触头进行氧化层擦除、螺栓紧固，如图 3 所示，并对过

图2 有载开关机构吊出

渡电阻值进行测试，其大小均在 9.0Ω 左右，符合设计标准要求。

结合生产厂家技术人员提供的挡位分析诊断方法，检修人员利用有载开关油箱内部触头短接的方式，判断出有载调压机构挡位指示正确。主变压器上端挡位观察窗内标示相差一个挡位，如图4所示，应属主变压器出厂前挡位观察窗内齿轮安装错位造成的。确认问题存在后，检修人员对观察窗错位标示进行了调整。

图3 过渡电阻片处理

图4 主变压器上端挡位观察窗

有载调压机构恢复安装后，为了确保挡位正确，分别在9A、9、9B挡位进行了高压侧对低压侧变比测试，试验结果显示均为9挡位，见表2，且变比误差几乎完全一致。

表2 9A、9、9B挡位变比测试结果

计算变比（高对低）	变比误差（%）			挡位判断
	AB/ab	BC/bc	CA/ca	
5.714	0.23	0.09	0.21	9 挡位
	0.22	0.09	0.21	9 挡位
	0.23	0.09	0.21	9 挡位

随后进行了1～17挡位高压侧对低压侧电压比测试，变比试验结果显示各挡位标示正确，误差值满足规程要求；接着进行了1～17挡位高压侧绕组直流电阻测试，各挡位数据变化规律性明显，以9档位为中心呈现对称性，且各挡位三相直阻互差值均小于1%，试验结果合格。直阻数据如表3所示。

表3 有载开关处理后的高压侧直阻测试数据

高压挡位	AO（mΩ）	BO（mΩ）	CO（mΩ）	不平衡度（%）
1	529.4	532.5	529.8	0.58
2	521.6	524.3	522.7	0.52

高压挡位	AO（mΩ）	BO（mΩ）	CO（mΩ）	不平衡度（%）
3	515.6	518.8	515.8	0.62
4	507.9	510.6	509.1	0.53
5	502.0	505.2	502.2	0.64
6	494.3	497.0	495.3	0.54
7	488.4	491.7	488.6	0.67
8	480.7	483.4	481.8	0.56
9	473.3	475.6	473.7	0.49
10	480.9	483.4	481.9	0.52
11	488.6	491.7	488.8	0.63
12	494.5	497.2	495.6	0.54
13	502.3	505.3	502.8	0.60
14	508.0	510.9	509.2	0.57
15	515.8	519.0	516.1	0.62
16	521.8	524.5	522.8	0.52
17	531.0	532.2	529.8	0.45

四、经验体会

（1）严格把关新投设备交接试验项目，不放过任何小问题、小缺陷，保证新设备零缺陷投运。

（2）主变压器绕组直流电阻测试是反映主变压器绕组、有载调压开关、套管接线柱等各部件导体压接状况的最重要、最直接的试验项目，必须严格执行直阻试验规程标准，加强试验过程管控。

（3）新投及大修后的主变压器现场安装完毕后，重点检查有载调压机构、挡位观察窗、油温表、压力释放装置等部件的机械性能有无异常，发现问题及时处理，保证主变压器安装调试工作按期完成。

 变压器有载调压开关直流测试过渡波形接零

设备类别：220kV 变压器有载分接开关
案例名称：有载分接开关过渡波形接零
技术类别：停电诊断性试验—有载调压分接开关特性测试

一、 故障经过

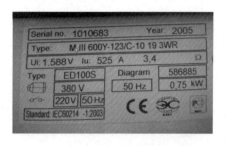

图 1 直流有载分接特性测试结果

220kV 变压器有载调压开关 2005 年 10 月生产，型号为 MIII600Y.123/C.10193W。2016 年 1 月 15 日，检测人员对变压器进行例行试验，发现在变压器有载分接开关调压过程中发出"咻咻"的声响，进行直流有载分接开关特性测试时，结果如图 1 所示，过渡波形出现接零点；进行交流有载分接开关特性测试时，结果如图 2 所示，波形异常。

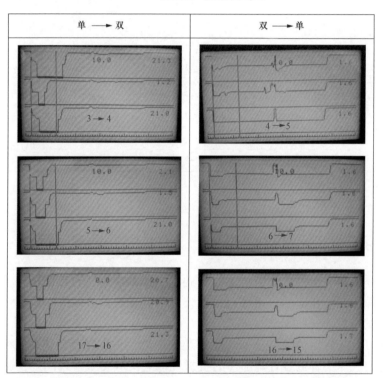

图 2 直流有载分接特性测试结果

检测人员从分接头 1—分接头 17—分接头 1 分别进行测试，分析结果（如图 3 所示）可以看出，当单数分接头切换到双数分接头时，三相过渡波形均出现接零，而由双数分接头切换到单数分接头时不存在接零，而且 M 型双电阻理论过渡波形不明显。

从图 3 中同样可以看出，当从单数分接头切换到双数分接头时，有载分接开关交流测试波形在 0～150×40μs 时间段内三相波形均出现毛刺。

变压器有载调压开关直接影响的例行试验项目为变压器高压侧直流电阻，2016 年 1 月 15 日，检测人员对变压器高压侧绕组进行直流电阻测试，测试结果如表 1 和图 4 所示。

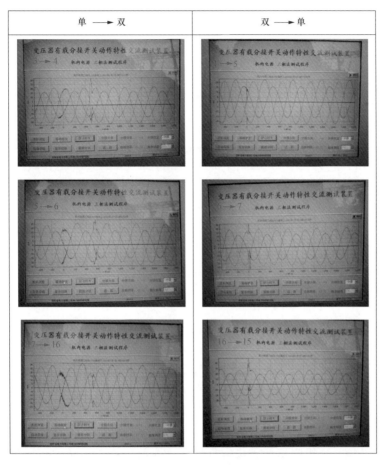

单 ⟶ 双	双 ⟶ 单

图 3 交流有载分接特性测试结果

表 1　　　　　　　　　　变压器直流电阻测试结果

绕组直流电阻高压	AO 实测（mΩ）	BO 实测（mΩ）	CO 实测（mΩ）	实测值不平衡度（%）
1	322.9	324.5	325.7	0.8671
2	318.9	319.6	321.6	0.8467
3	314.8	314.9	317.4	0.8259
4	310.7	310.6	313.5	0.9337
5	306.6	308.4	309.3	0.8806
6	302.6	302.9	305.3	0.8923
7	298.5	299.9	301.3	0.9380
8	294.5	295.3	297.3	0.9508
9	290	290.5	292.3	0.7931
10	294.5	295.3	297.4	0.9847
11	298.2	298.3	301.1	0.9725
12	302.3	303.7	305.2	0.9593

绕组直流电阻高压	AO 实测（mΩ）	BO 实测（mΩ）	CO 实测（mΩ）	实测值不平衡度（%）
13	306.3	306.9	309.2	0.9468
14	310.4	311.8	313.3	0.9343
15	314.4	316.1	317.3	0.9224
16	318.5	319.9	321.4	0.9105
17	322.6	324	325.5	0.8989

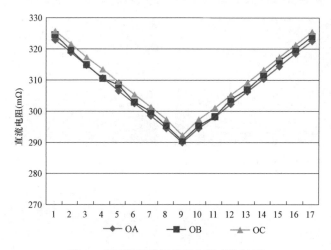

图 4　变压器高压侧直流电阻变化波形

变压器高压侧直流电阻数据满足规程要求，直流电阻 1～17 分接头的电阻值也符合变压器直流电阻的变化波形，因此排查绕组、引线问题。

二、 检测分析方法

检测人员对有载调压波形的出现接零段的原因进行分析，认为有载调压过渡波形异常的主要原因有两点：

（1）变压器在运行过程中很少进行调压操作，有载调压装置的分接头长期运行在一个分接位置，不经常切换，有载调压装置过渡电阻表面形成一层氧化油膜，导致有载调压波形的出现接零段；

（2）有载分接极性转换开关长期浸于变压器油中，附着较厚的油膜，而有载调压测试仪器提供的最大测试电流为 1A，不足以击穿油膜，导致测试过程中出现接零现象。

三、 隐患处理情况

（1）检测人员对有载调压进行反复切换，2016 年 3 月 17 日，检测人员对该有载调压装置进行复测，通过开关切换打磨有载开关表面的氧化层，处理后波形仍存在接零段。

（2）在试验过程中利用大电流冲击油膜，检测人员采用三相合一的方法，将测试线夹在同一相上，让三相的测试电流加在一相上，测试电流由原来的 1A 增加至 2.7A，试验波形均符合标准，如图 5 所示。电流由 1A 增加至 2.7A 后波形的接零段消失，油膜被击穿，由此判断变压器正常运行时高压侧电流远大于 2.7A，油膜不会影响变压器的正常运行。

四、经验体会

（1）停电试验之前，首先查询变压器的有载调压自上次检修后的调压次数，当变压器高压侧直流电阻出线异常或有载调压波形出线异常时，可首先通过反复多次对变压器有载调压装置的分接开关进行反复切换，打磨接头处的氧化层，看试验数据前后的变化。

（2）有载调压装置的测试电流较小，对于长期运行的变压器，有载调压装置内部的油可能会形成油膜，测试中可以通过增加测试电流的方式冲击油膜。

图 5　有载调压处理后波形

五、相关检测信息

检测用仪器：3168G 型电力变压器有载分接开关参数综合测试仪；YZAC1 - D 型变压器有载分接开关动作特性交流测试装置；测试温度 5℃，油温 3℃，相对湿度 40％。

［案例五］　变压器有载调压开关切换芯子和选择器传动失效

设备类别：220kV 变压器有载调压开关
案例名称：有载开关试验案例
技术类别：停电诊断性试验—直流电阻测试

一、故障经过

2015 年 5 月 6 日 9 时 30 分，调控人员通过远方调节 220kV 变压器有载分接开关挡位，发现电压不发生相应变化。检修人员立即前往现场检查，通过主变压器局部放电试验和直流电阻试验分析，最终确定主变压器有载调压开关传动部件损坏。

二、检测分析方法

2015 年 5 月 6 日 10 时 00 分，运检人员抵达现场，检查有载开关水平、垂直传动轴外观有无异常，电动机构箱内部器件外观有无明显异常，但分别采用电动与手动调档时电压仍均不发生变化，初步推断问题很可能来自位于本体内部传动部分，检修人员决定先采用超声波局部放电法检查变压器内部是否存在传动故障引起的局部放电。

14 时 25 分，检测人员使用 PD-TP500A 超声波局部放电测试仪对 1 号主变压器进行局部放电检测，检测图谱如图 1 所示。未发现主变压器本体内部存在异常信号，同时未出现正常情况下选择开关与切换开关先后动作而应产生的叠加波形，因此初步判断内部无分接变换，电动操动机构与内部切换开关芯子和选择器传动失效，初步判断问题为内部传动轴起保护作用的薄弱环节处断裂。分析后认为变压器可暂时运行，但不得进行有载分接变换。

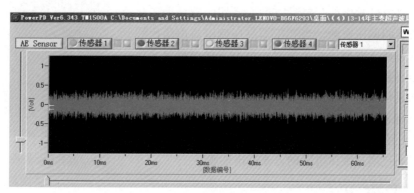

图 1　变压器 220kV 侧有载开关侧超声波局部放电检测图谱

5 月 26 日，结合变压器冷却系统改造，组织变电检修室制订变压器有载开关消缺方案，对内部切换开关芯子进行起吊彻查。

变压器停电后，检测人员对变压器直流电阻进行测试，其高压绕组直流电阻测试，结果如表 1 所示。

表 1　　　　　　　　　　　变压器高压绕组直流电阻测试结果

高压绕组直流电阻（mΩ）					
挡位		AO	BO	CO	不平衡度（%）
1	实测	309.5	310.4	308.3	0.6
2	实测	309.5	310.4	308.3	0.6
3	实测	309.5	310.4	308.3	0.6
…	实测	309.5	310.4	308.3	0.6
17	实测	309.5	310.4	308.3	0.6

查询最近一次例行试验（2012 年 5 月 18 日）测试数据，结果如表 2 所示。

表 2 　　　　　　　　　　　变压器例行试验高压绕组直流电阻测试数据

高压绕组直流电阻（mΩ）				
挡位		AO	BO	CO	不平衡度（%）
1	实测	299.9	300.4	300.8	0.30
2	实测	295.9	295.8	295.7	0.07
3	实测	291.2	290.8	291.3	0.17
4	实测	286.5	286.4	286.9	0.17
5	实测	281.3	281.4	281.6	0.11
6	实测	276.5	276.8	276.9	0.14
7	实测	271.4	271	271.6	0.22
8	实测	267	267.1	267.2	0.07
9	实测	260.6	261	260.8	0.15
10	实测	266.3	266.1	265.7	0.23
11	实测	270.9	271	271.4	0.18
12	实测	276.1	275.8	275.5	0.22
13	实测	280.9	281.4	281.8	0.32
14	实测	285.2	285.7	285.9	0.25
15	实测	290.5	291	291.2	0.24
16	实测	295.4	295	294.6	0.27
17	实测	300.9	301.5	301.8	0.30

从表 1 的试验数据来看，第 1~17 挡分接头调换过程中，直流电阻测试结果不变，均与第 1 挡相同，表明操作箱挡位调节失灵，验证了内部传动轴起保护作用的薄弱环节断裂、传动失效，内部实际分接位置未发生对应变化的故障原因。

三、 隐患处理情况

基于以上判断，检修人员分两组，一组人员负责检查变压器有载开关操作箱内部传动器件；另一组人员负责吊芯检查内部切换开关芯子及其传动轴；操作箱检查人员在校验内部传动时，发现手动调节每步进一个挡位需要 35 圈，比标准值（33 圈）多出2 圈，对内部传动器件仔细排查时发现万向传动杆 ABS 硬塑材质组件存在疲劳裂痕缺陷（如图 2 所示），经手动操作验证为裂痕引起的传动打滑致使挡位步进圈数增多，现场对该器件进行更换后调挡步进圈数恢复为标准值 33 圈。与此同时，吊芯检查人员打开上部端盖，将内部切换开关芯子吊出后发现内部传动轴在保护薄弱环节处发生断裂（如图 3 所示），于是立即组织对该部件进行更换，并对断裂残渣进行彻查清除，在确认切换开关无其他异常受损后将其复装回油室。

2015 年 6 月 2 日，在完成有载开关整体检修并恢复后，再次对 1 号主变压器高压绕组作直流电阻测试，测试结果如表 3 所示，可见有载开关挡位调节已恢复正常，缺陷成功消除，随后将 1 号主变压器投入运行，正常工作。

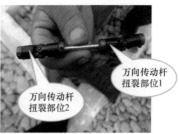

图 2　变压器 220kV 侧有载开关操作箱扭裂的内部万向传动杆

图 3　变压器 220kV 侧有载开关切换开关传动轴保护环节断裂

表 3　　　有载开关检修处理后 1 号主变压器高压绕组直流电阻测试结果（mΩ）

挡位		AO	BO	CO	不平衡度（%）
1	实测	309.7	310	308.8	0.39
2	实测	304.8	305.4	304.9	0.20
3	实测	299.3	299.9	299.1	0.27
4	实测	294.6	295.2	294.3	0.31
5	实测	289.1	289.7	288.7	0.35
6	实测	284.4	285.1	284.3	0.28
7	实测	279.1	279.6	279	0.22
8	实测	274.2	275	274.2	0.29
9	实测	268.2	268.4	267.9	0.19
10	实测	273.8	274.5	273.7	0.29
11	实测	279.4	279.7	278.9	0.29
12	实测	283.9	284.5	283.8	0.25
13	实测	289.3	289.7	289.1	0.21
14	实测	293.7	294.5	293.6	0.31
15	实测	299.3	299.9	299.2	0.23
16	实测	304.1	304.5	303.9	0.20
17	实测	309.3	310	309	0.32

四、 经验体会

通常变压器分接开关断轴缺陷不单纯是常见的分接开关内外连接错位所引起，也有可能是由于操作箱限位器件老化位移所导致，因此在明确断轴故障原因之前仅更换故障传动轴而不进行操作箱的整定，有可能造成断轴事故重复出现。

为消除此类缺陷，在生产实际中，要做到：

（1）加强对老旧设备有载分接开关传动轴、操作箱限位器等部件的检查力度，必要时予以更换。

（2）利用超声波局部放电检测技术来分析有载分接开关的内部切换开关芯子与选择器有无正常切换信号，以辅助判断有载分接变换过程是否正常，实现对有载开关动作情况的不停电监测。

 变压器有载调压开关低电压短路阻抗值超标

设备类别：110kV 变压器
案例名称：110kV 变压器有载调压传动装置故障处理典型案例
技术类别：停电例行试验—低电压短路阻抗试验

一、 故障经过

110kV 变压器型号为 SSZ11 - 50000/110，有载调压装置采用 MAE 10193，出厂日期为 2012 年 8 月，2013 年 5 月投运。2016 年 4 月 6 日 14 时左右，供电公司对变压器进行停电例行试验时发现，该变压器在额定点时的高—中，高—低短路阻抗与铭牌标准值相差 4.9%，超出规程标准。随后，对变压器进行相关试验的综合测试，发现在切换有载调压分接头时，直流电阻和变比试验也出现数据异常，初步推断变压器有载调压装置存在故障，现场检查有载调压机构，发现连杆与转轴存在脱扣情况，立即上报申请处理。2016 年 4 月 8 日，更换了有载调压装置，更换后的试验结果符合要求，变压器顺利投入运行。由于缺陷发现处理及时，避免了主变压器运行过程中因负荷失调而造成设备损坏情况的发生。

二、 检测分析方法

1. 短路阻抗测试试验发现缺陷

2016 年 4 月 6 日 14 时左右，检测人员使用 MS - 103 短路阻抗测试仪对变压器额定点短路阻抗进行测试时发现，高—低短路阻抗和高—中短路阻抗较铭牌标准值偏差达到 4.9%，不符合 Q/GDW 1168—2013《输变电设备状态检修试验规程》要求，如表 1 所示。在检查接线和操作流程无误后，复测结果仍然不符合规程要求，因此怀疑变压器高压绕组存在缺陷。

表1   短路阻抗测试结果

使用相别	高—低	高—中	中—低
测试结果（%）	19.252	10.766	6.412
铭牌标准值（%）	18.34	10.26	6.46
偏差（%）	4.97	4.93	0.74

2. 直流电阻和变比测试确定缺陷类型

随后，采用OMZZ-20S直流电阻测试仪对变压器直流电阻进行测试，初始分接头为第1点，A、B、C三相测试结果分别为375.9、381.7、386.0 mΩ，切换至第2点后，三相直阻测试结果较第1点无明显变化，继续切换，发现第3、4点同样与第1点相似，如表2所示，因此怀疑，分接头并未随有载调压装置变化而变化，传动机构出现问题。检测人员又采用MS-100C变比测试仪对变压器分接头电压比进行了测试，测试结果表明分接头一直位于第7点，没有发生变化，见表2，由此确定有载调压装置存在问题。

表2   直流电阻测试结果

分接头位置	直流电阻（mΩ）		
	A	B	C
1	375.9	381.7	386.0
2	375.8	380.9	386.0
3	375.8	381.5	386.3
4	376.1	381.4	386.7

3. 缺陷情况及原因分析

为避免事态进一步恶化，检测人员在发现有载调压装置可能存在问题后，立即联系现场负责人，汇报试验情况。检修人员工作人员对问题点进行了排查，发现有载调压传动机构转轴和连杆发生脱离，造成电机空转，没有带动分接开关发生变化，如图1所示。

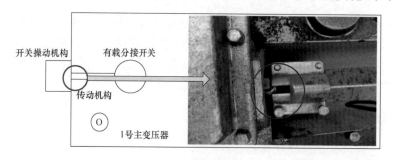

图1　缺陷位置

正常情况下，有载变压器进行电动操作，每操作调压按钮一次，挡位切换一次。由于连杆与转轴脱离，操作调压按钮后，虽然指针变化，但是没有带动连杆转动，造成连杆与转轴脱离的原因可能有以下三点：①频繁多次调压操作后造成连接插销脱落；

②安装过程中连接插销的螺丝未紧固，造成脱落；
③转轴齿轮老化损坏造成连杆脱离现象。

检修人员对有载分接开关传动机构进行拆卸后发现，问题原因属于上述第三种：机构内部严重锈蚀，导致轴承破裂，钢珠外漏，造成齿轮间摩擦力增大，机械应力加强，在机械力的作用下，转轴发生位置偏移，与连杆连接部分内缩，造成转轴脱落，有载调压失效，如图2所示。

图2　故障原因

三、 隐患处理情况

2016年4月8日，对缺陷问题进行处理，更换为合格配件，有载调压功能恢复。经测试后，变比和直流电阻均在要求范围内，如表3、表4所示。

表3　　　　　　　　　　维修后变压器高压侧直流电阻测试结果

分接开关位置	高压侧直流电阻（$m\Omega$）			
	AO	BO	CO	不平衡度（%）
1	417.0	419.0	417.3	0.48
2	412.7	413.7	411.7	0.49
3	406.1	407.8	405.5	0.57
4	400.7	402.5	400.3	0.55
5	392.4	395.8	393.9	0.87
6	387.9	390.9	388.7	0.77
7	383.1	384.8	382.7	0.55
8	375.7	377.4	377.4	0.45
9	368.7	370.4	369.9	0.46
10	377.1	378.6	376.8	0.48
11	381.8	384.5	382.1	0.71
12	387.0	390.6	388.7	0.93
13	392.6	395.9	393.4	0.84
14	400.7	402.7	400.2	0.62
15	404.1	407.5	405.5	0.84
16	409.4	413.4	411.9	0.98
17	416.3	419.5	417.2	0.77
中压直流电阻（$m\Omega$）				
AO	BO		CO	不平衡度（%）
37.9	38.04		38.07	0.45
低压直流电阻（$m\Omega$）				
ab	bc		ca	不平衡度（%）
4.497	4.495		4.50	0.11
结论：合格				

表 4 维修后变压器高压—低压变比测试结果

分接开关位置	AB/ab 变比误差（%）	BC/bc 变比误差（%）	CA/ca 变比误差（%）
1	−0.01	0.04	0.10
2	−0.02	0.05	0.10
3	−0.08	0.04	0.10
4	−0.01	0.03	0.05
5	−0.05	0.03	0.09
6	−0.06	0.13	0.09
7	−0.04	0.03	0.05
8	0.06	0.05	0.08
9	−0.02	0.03	0.08
10	−0.04	0.05	0.07
11	−0.04	0.02	0.09
12	0.05	0.12	0.06
13	−0.04	0.01	0.01
14	0.08	0.10	0.05
15	−0.01	0.01	0.04
16	0.09	0.10	0.07
17	−0.10	0.00	0.03

结论：合格

四、经验体会

（1）有载调节对保证电网运行具有重要作用，直流电阻、短路阻抗和变比三种测试项目均可发现有载分接调节装置问题。另外，有载调压传动机构在长期运行过程中可能会出现锈蚀、破损现象，从而失去调压功能，在检修过程中应着重关注这些细微的地方，确保主变压器运行稳定。

（2）在发现问题时，应逐项排查问题原因，各项目相互结合进行，需找问题点，并及时上报负责人，讨论处理措施。发现问题后，各班组应在现场负责人的安排下相互配合，及时与生产厂家联系，协同办公，迅速处理问题，保障电网正常供电。

五、检测相关信息

检测用仪器：MS‐103 短路阻抗测试仪；OMZZ‐20S 直流电阻测试仪；MS‐100C 变比测试仪。

[案例七] 变压器有载调压分接开关底部放油螺栓松动漏油

设备类别：110kV 变压器有载调压分接开关
案例名称：变压器有载调压分接开关放油螺栓漏油案例
技术类别：现场检查

一、 故障经过

110kV 变压器自投运以来运行正常。运维人员进行多次例行巡视，均无异常。2012 年 10 月 18 日 14 时 20 分，接调控中心通知该变压器有载调压分接开关呼吸器渗油严重，检修工区立即前去落实检查。

变压器型号为 SZ10 - 50000/110，出厂日期为 2008 年 8 月，2011 年 4 月投运；有载调压开关型号为 VCMⅢ - 500Y/72.5B - 10193W，出厂日期为 2008 年 7 月。

二、 检测分析方法

现场检查发现变压器有载分接开关呼吸器向外冒油，分接开关储油柜油位已满，硅胶已经完全被变压器油浸泡，地上鹅卵石有大片油迹。变压器本体油枕油位、套管油位正常，其他密封处无渗漏。由于渗漏状况对设备安全运行已构成威胁，必须停电处理。

10 月 19 日，经过充分地准备，吊车、油罐、滤油机等设备、工器具全部到位，主变压器停电后电气检测人员对 1 号变压器进行直流电阻测试，测试结果合格，试验结果见表 1。

表 1 主变压器直流电阻试验

绕组直流电阻 (mΩ)									
挡位	高压			不平衡度 (%)	挡位	高压			不平衡度 (%)
	A	B	C			A	B	C	
1	494	494.8	494.5	0.162	2	485.3	485.7	484.3	0.289
3	481.5	481.1	482.8	0.353	4	474.6	474.5	475.7	0.253
5	469.9	469.5	469.6	0.085	6	466.1	466.2	467	0.193
7	460.6	459.6	460	0.218	8	454	454.2	455.3	0.286
9	447.4	448.7	448.1	0.291	10	452.1	454.1	453.4	0.441
11	459	463.7	462.4	1.024	12	463.8	466.8	467	0.690
低压	ab	4.313	bc	4.303	ca	4.327	不平衡系数 (%)		0.558

试验后立即对有载分接开关放油。在有载开关放油的过程中，有载开关油枕油位计指针正常回落。有载分接开关油放尽后，打开盖板，吊出有载分接开关芯体，擦净

油室筒壁和筒底进行观察查找。

经过 10min 左右，从油室筒底就能明显看出，筒底放油螺栓处向外渗油，见图 1。使用力矩扳手紧固，发现放油螺栓并未松动，且依然向外渗油，见图 2。

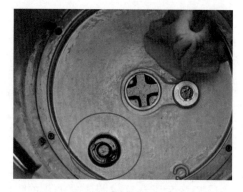 

图 1　油室底部放油螺栓渗油（一）　　　图 2　油室底部放油螺栓渗油（二）

此次有载调压分接开关呼吸器渗油的原因是分接开关油室与变压器本体之间放油螺栓密封橡胶层破裂，见图 3、图 4。本体油枕油位高于有载调压分接开关油位，压力差迫使本体变压器油渗漏到有载调压分接开关油室中，导致有载调压分接开关油位逐渐升高直至喷油。

图 3　放油螺栓　　　　　　　　　图 4　放油螺栓密封层破裂

三、隐患处理情况

更换放油螺栓后，为防止遗漏其他渗漏点，检修人员向主变压器本体油枕胶囊充入 0.03MPa 干燥氮气，通过本体绝缘油向有载开关油室施压。经过 1 个小时的观察，油室绝缘筒壁完好无裂缝，上下法兰间、触头等部位均未发现其他渗漏点，确认油室放油螺栓处是唯一渗漏点。

检修工作结束后，运维人员加强对该站 110kV1 号变压器巡视工作，未发现有异常现象。

四、 经验体会

（1）新主变压器要做好选型、订货、验收及安装投运的全过程管理，应选择业绩良好、制造经验成熟的生产厂家。

（2）主变压器安装时需做油密封试验。将有载调压分接开关油室绝缘油全部抽出，吊出有载开关芯体，擦净油室油迹，在本体油压下检查密封部位、螺丝处有无渗漏油。

（3）加强设备安装、检修后的跟踪监测，确认设备运行良好。

第三章　变压器套管检测异常典型案例

 变压器高压套管介质损耗超标发现主绝缘整体受潮

> 设备类别：220kV 变压器高压套管
> 案例名称：变压器高压套管试验不合格
> 技术类别：停电诊断性试验—介质损耗试验

一、故障经过

220kV 变压器型号为 SSZ11 - 180000/220，出厂日期为 2011 年 7 月，投运时间为 2011 年 12 月。高压套管型号为 TOM 1050 - 800 - 4 - 0.4，C 相编号为 M2010 - 0268，出厂日期为 2011 年 1 月，投运时间为 2011 年 12 月。

2016 年 4 月 21 日变电检修室安排该变压器停电检修试验工作，电气检测人员在试验过程中发现变压器高压套管 C 相介质损耗不合格，达到 0.856%，在排除了套管头对结果的影响后，用介损仪依次测量 C 相套管在 2500、5000、7500V 及 10000V 下的介损值，结果分别为 0.854%、0.870%、0.893% 及 0.921%。变电检修室决定对 C 相套管进行高压介损试验及取油样色谱化验，C 相套管高压介损及色谱化验均不合格，且 B 相套管色谱化验时发现乙炔。变电检修室将此缺陷上报运维检修部门，运检部门决定将变压器高压套管 A、B、C 三相进行更换。

2016 年 4 月 26～29 日，检修人员对 220kV 该站变压器进行高压套管的更换工作，并完成变压器更换套管后的试验工作，各项试验数据合格，29 日变压器送电运行，此次缺陷的顺利消除保证了电网的平稳运行。

二、检测分析方法

2016 年 4 月 21 日变电检修室安排 220kV××站变压器停电检修试验工作，电气检测人员在试验过程中发现变压器高压套管 C 相介损不合格，试验数据如表 1 所示。

表 1　　变压器高压侧例行试验三相套管试验值

高压侧	Cx 初值	Cx 测试	tanδ（%）
A 相	329	330.2	0.360
B 相	330	328.1	0.345
C 相	330	328.3	0.856

在排除了套管头对结果的影响后，用介损仪依次测量 C 相套管在 2500、5000、7500V 及 10000V 下的介损值，结果分别为 0.854%、0.870%、0.893% 及 0.921%，如表 2 所示。由表 1 和表 2 可以看出，C 相套管介损值随着试验次数及电压增加而增大，说明套管内部存在严重的问题。

表 2　　　　　　　　　　变压器 C 相套管在不同电压下的介损值

电压（V）	C 相套管 tanδ（%）	电压（V）	C 相套管 tanδ（%）
2500	0.854	7500	0.893
5000	0.870	10000	0.921

查阅历次试验数据如表 3 所示。

表 3　　　　　　　　　　　　变压器高压套管历次试验数据

位置	A	B	C	O
型号	TOM 1050 - 800 - 4 - 0.4			TOB550 - 800 - 3 - 0.5
出厂编号	M2010 - 0269	M2010 - 0267	M2010 - 0268	B2011 - 0384
铭牌电容	329	330	330	266
铭牌介损	0.40	0.38	0.40	0.32
电容（2011.12）	329.4	326.3	325.5	262.1
介损（2011.12）	0.337	0.294	0.305	0.174
电容（2013.11）	328.2	327.3	327.4	263.3
介损（2013.11）	0.41	0.39	0.5	0.29
电容（2016.04）	330.2	328.1	328.3	260.3
介损（2016.04）	0.36	0.345	0.856	0.278

由表 1 和表 2 可以看出，根据 Q/GDW 1168—2013《输变电设备状态检修试验规程》的要求，C 相套管介损超标。

变电检修室决定对 C 相套管进行高压介损试验及取油样色谱化验，如图 1 所示。C 相套管高压介损及色谱化验均不合格，且 B 相套管色谱化验时发现乙炔。

图 1　变压器高压套管取油样及高压介损试验

B相套管与C相套管高压介损试验数据如表4、表5所示。

表4 B相套管高压介损

电容变化量	0.213%		介损增量	+0.014%
升压数据				
序号	电压（kV）	频率（Hz）	电容（pF）	介损（%）
01	10.10	52.7	3.283E2	+0.362
02	20.08	52.7	3.283E2	+0.362
03	30.01	52.7	3.284E2	+0.365
04	40.37	52.7	3.285E2	+0.367
05	50.28	52.7	3.286E2	+0.369
06	60.25	52.7	3.287E2	+0.371
07	70.21	52.7	3.288E2	+0.373
08	80.17	52.7	3.288E2	+0.372
09	90.27	52.7	3.289E2	+0.372
10	100.3	52.7	3.289E2	+0.372
11	110.2	52.7	3.289E2	+0.373
12	120.1	52.7	3.290E2	+0.373
13	126.6	52.7	3.290E2	+0.375
降压数据				
01	126.5	52.7	3.290E2	+0.375
02	121.3	52.7	3.290E2	+0.376
03	111.2	52.7	3.290E2	+0.376
04	101.1	52.7	3.290E2	+0.376
05	90.96	52.7	3.290E2	+0.375
06	80.91	52.7	3.290E2	+0.374
07	70.82	52.7	3.290E2	+0.373
08	60.69	52.7	3.290E2	+0.375
09	50.59	52.7	3.290E2	+0.375
10	40.47	52.7	3.290E2	+0.374
11	30.38	52.7	3.289E2	+0.374
12	20.27	52.7	3.287E2	+0.372
13	10.18	52.7	3.286E2	+0.370

电容变化量	0.213%	介损增量	＋0.014%

升压曲线

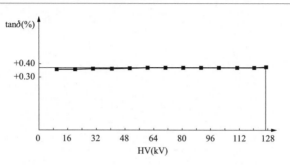

降压曲线

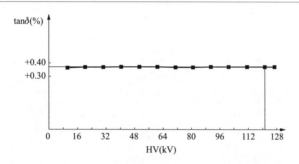

升降压曲线

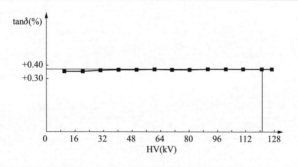

表 5　　　　　　　　　　　C 相套管高压介损

电容变化量	0.394%	介损增量	＋0.575%

升压数据

序号	电压（kV）	频率（Hz）	电容（pF）	介损（%）
01	10.09	52.6	3.295E2	＋1.086
02	20.09	52.6	3.295E2	＋1.216
03	30.22	52.6	3.297E2	＋1.328

电容变化量	0.394%		介损增量	+0.575%

升压数据

序号	电压（kV）	频率（Hz）	电容（pF）	介损（%）
04	40.34	52.6	3.298E2	+1.411
05	50.26	52.6	3.299E2	+1.477
06	60.27	52.6	3.300E2	+1.530
07	70.21	52.6	3.302E2	+1.542
08	80.06	52.6	3.303E2	+1.599
09	90.28	52.6	3.304E2	+1.606
10	100.1	52.6	3.304E2	+1.616
11	110.1	52.6	3.305E2	+1.627
12	120.6	52.6	3.306E2	+1.637
13	126.4	52.6	3.307E2	+1.645

降压数据

01	126.4	52.6	3.307E2	+1.651
02	121.3	52.6	3.308E2	+1.656
03	111.2	52.6	3.308E2	+1.660
04	101.1	52.6	3.308E2	+1.661
05	91.01	52.6	3.308E2	+1.659
06	80.93	52.6	3.307E2	+1.651
07	70.75	52.6	3.307E2	+1.597
08	60.66	52.6	3.306E2	+1.589
09	50.57	52.6	3.306E2	+1.508
10	40.46	52.6	3.305E2	+1.439
11	30.41	52.6	3.304E2	+1.352
12	20.28	52.6	3.302E2	+1.233
13	10.16	52.6	3.300E2	+1.090

升压曲线

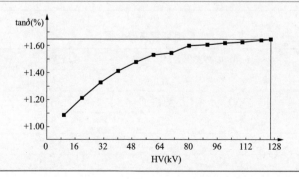

电容变化量	0.394%	介损增量	+0.575%

降压曲线

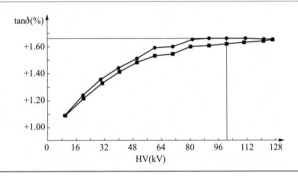

升降压曲线

由表4、表5可以看出，B相套管高压介损试验合格，C相不合格且增量达到了0.575%。由曲线可以看出，C相套管整体受潮。

变压器套管的色谱试验数据如表6所示。

表6　　　　　　　　　　　变压器套管色谱试验数据

相别	组分名称	H_2	CO	CO_2	CH_4	C_2H_4	C_2H_6	C_2H_2	总烃
A相	组分含量（μl/l）	6.0	495	493	5.7	0.21	0.67	0	6.7
B相	组分含量（μl/l）	5.9	354	448	4.6	0.78	1.6	0.38	7.4
C相	组分含量（μl/l）	12504	314	429	975	0	570	0	1544
O相	组分含量（μl/l）	29.4	488	391	7.3	0.14	0.80	0	8.2
Am	组分含量（μl/l）	11.4	555	391	3.8	0.25	0.67	0	4.7
Bm	组分含量（μl/l）	44.0	653	705	31.0	0.14	7.4	0	38.6
Cm	组分含量（μl/l）	43.3	683	484	30.4	0.16	7.6	0	38.2
Om	组分含量（μl/l）	34.5	324	219	11.9	1.1	5.4	0	18.4

由表6可以看出，C相套管色谱严重超标（色谱标准：乙炔小于等于1，氢气小于等于140，甲烷小于等于40，总烃小于等于100）。三比值计算为（0，1，1），对应故障为C相套管内部有严重的局部放电（高湿度、高含气量引起油中低能量密度的局部放电）。

通过以上数据可以判断出 C 相套管绝缘介质受潮，设备内部处理不好或含有气泡等，造成套管内部发现局部放电，变电检修室将此缺陷上报运维检修部，因 B 相套管内部存在乙炔，运检部决定将 1 号主变压器高压套管 A、B、C 三相进行更换。

三、 隐患处理情况

2016 年 4 月 26～29 日，检修人员对变压器进行高压套管的更换工作，并完成变压器更换套管后的试验工作，各项试验数据合格，29 日 1 号送电运行，此次缺陷的顺利消除保证了电网的平稳运行。

4 月 26 日，检修人员对变压器高压套管进行更换。

4 月 28 日，检测人员对变压器进行试验工作，各项试验数据合格，其中更换的高压套管试验数据如表 7 所示。

表 7　　　　　　　　　　变压器高压套管更换后试验数据

位置	A	B	C
型号	TOM 1050 - 800 - 4 - 0.4		
出厂时间	2016.03		
出厂编号	M2016 - 0034	M2016 - 0035	M2016 - 0036
铭牌电容（pF）	334	334	335
铭牌介损（%）	0.38	0.38	0.36
安装前电容（pF）	334.2	333	333
安装前介损（%）	0.359	0.348	0.281
安装后电容（pF）	332	330.1	331.1
安装后介损（%）	0.317	0.319	0.302

4 月 29 日，进行变压器耐压与局部放电试验，试验通过，数据如表 8 所示，29 日 1 号主变压器送电运行。

表 8　　　　　　　变压器更换套管后局部放电试验

相别（高压/中压）	局部放电量（pC）
A/Am	60/150
B/Bm	80/160
C/Cm	90/180

四、 经验体会

（1）加强变压器套管的红外精确测温工作，发现问题后及时进行停电试验。

（2）套管试验不合格后可以采用多种手段进行进一步的判断，如高压介损、色谱等。

（3）对同期同型号套管进行统计，加强带电检测工作，确保设备安全稳定运行。

五、 检测相关信息

检测用仪器：济南泛华 AI - 6000K 自动抗干扰介质损耗测试仪；上海思创高压介

损测试仪 HV9003；河南中分色谱测试仪 ZF - 301A。

[案例二] 变压器高压套管主绝缘介质损耗因数超标

设备类别：110kV 变压器
案例名称：110kV 变压器套管主绝缘介质损耗异常检测案例
技术类别：停电诊断性试验—介质损耗试验

一、 故障经过

2016 年 1 月 20 日，110kV 变压器停电例行试验，试验发现甲变压器 B 相高压套管整体介质损耗为 1.293%，超出 Q/GDW 1168—2013《输变电设备状态检修试验规程》规定的 1%的要求。

二、 检测分析方法

1. 停电试验数据分析

套管介质损耗测量发现，A、C 相试验数据正常，B 相套管整体介质损耗为 1.293%，超出规程规定的 1%的要求；套管整体电容量为 307.3pF，初值差为 0.16%，小于±5%的要求。对套管末屏介质损耗测量，无法测出正常数据，末屏介质损耗显示为负值。

检测人员重新检查了仪器的接线情况，并采用了双接地的方式，确保接地可靠。介质损耗测试仪在双接地后再次测量，测量套管的介质为 1.294%，电容量位 307.2 pF，测试结果变化，排除被试设备和试验仪器接地不良、试验接线、仪器等各种因素。

检测人员清理变压器套管的末屏，检测人员首先用酒精清洗末屏，然后用吹风机将末屏吹干，吹干过程中吹风机与末屏保持一定的距离，吹风机保持一定的温度。吹干 3h 后重新测量，测量套管的介质损耗为 1.293%，电容量位 307.3pF，测试结果无变化。

2. 历年试验数据对比

变压器套管上次的试验数据，如表 1 所示。

表 1   变压器套管历年数据对比

日期	相位	主绝缘		末屏	
		tanδ（%）	电容量（pF）	tanδ（%）	电容量（pF）
2016 年 1 月	A	0.265	304.3	0.196	787.2
2010 年 3 月	A	0.262	304.3	0.138	783.1
2016 年 1 月	B	1.293	307.3	−0.048	818.3
2010 年 3 月	B	0.273	307.8	0.149	813.4
2016 年 1 月	C	0.275	308.6	0.176	789.1
2010 年 3 月	C	0.272	308.7	0.136	789.3

从表 1 中数据可以看出，变压器 A、C 相套管的介质损耗值无变化，但是 B 相套管的介质损耗值相对 2010 年的数据明显增加，且超出了规程的规定值。

3. 红外检测跟踪

2016 年 1 月 20 日因为停电时间和备品问题，变压器 B 相套管无法更换，为确保变压器健康运行，供电公司制订了变压器红外测温和紫外探伤跟踪计划，随时收集甲变压器 B 相套管运行状况。检测人员对甲变压器 B 相套管进行红外测温，其红外图谱如图 1 所示，可以看出三相套管温度均衡，B 相套管整体温度均衡，不存在发热异常。

4. 紫外检测跟踪

检测人员对变压器 B 相套管进行紫外电晕检测，分别从 B 相套管整体、B 想套管中部、B 相套管引线接头处进行紫外电晕检测，测试图谱分别如图 2～图 4 所示。紫外电晕检测结果显示，变压器高压侧 B 相套管紫外图谱正常，未见明显放电异常。

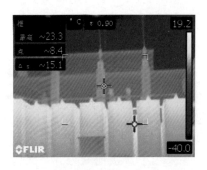 

图 1　变压器 B 相高压套管红外图谱　　图 2　B 相套管整体紫外电晕图谱

图 3　B 相套管中间部位紫外图谱　　图 4　B 相套管顶部紫外图谱

5. 处理情况

通过红外测温和紫外电晕检测跟踪测试，结果显示，三相套管温度均衡，B 相套管整体温度均衡，且不存在发热异常；B 相套管紫外电晕检测图谱正常，未见明显放电异常。由以上数据可看出，变压器能够恢复运行状态，但需要加强管控：

（1）加强巡视，随时注意变压器漏油变化情况、油位表指示是否正常，提前控制事故发生。

（2）制订带电检测跟踪计划，建议将周期缩短为原周期的一半，及时关注设备运行健康状况。

（3）储备备品，结合停电进行设备更换，消除缺陷。

三、 经验体会

（1）介质损耗试验是反映设备绝缘状况的一种有效的手段，能够准确地反映变压器套管的主绝缘是否良好。

（2）绝缘材料的介质损耗值数据判断不仅看试验数据是否在规程规定的范围内，还要观察数据的变化趋势，准确判断设备的绝缘状况。

四、 检测相关信息

检测用仪器：介质损耗测试仪；绝缘表。

测试温度：5℃。

相对湿度：40％。

 变压器中性点套管介质损耗超标发现将军帽松动

设备类别：110kV 变压器 110kV 套管
案例名称：变压器 110kV 侧中性点套管介质损耗超标案例
技术类别：停电例行试验—介质损耗因数检测

一、 故障经过

110kV 变压器 110kV 侧中性点套管，型号 LRB-60，出厂日期为 2008 年 10 月 1 日，于 2008 年 12 月 16 日投运。

2016 年 5 月 11 日，检测人员对变压器进行停电例行试验时发现，110kV 侧中性点套管电容量测量值与额定值差别明显增大，套管介质损耗因数测量值严重超标。经过更换仪器、重新接线、拆除套管顶端接线夹复测等多种不同试验方法后，测量结果无明显差异。变电检修室高度重视该情况，最终决定暂不对该变压器进行送电。

经过与中国电力科学研究院及生产厂家相关技术人员沟通后，认为测量结果异常可能是由于套管顶部定位销松动引起。2016 年 6 月 1 日，检测人员对变压器 110kV 侧中性点套管进行复测。检修人员在将套管顶部外套拆除检查其定位销时，未发现有异常，但在检查过程中，发现套管顶部将军帽松动，检修人员对其进行了加固处理。在随后的套管电容量及介质损耗因数复测中，测试结果均恢复正常。

二、 检测分析方法

2016 年 5 月 11 日，对变压器进行停电例行试验，对 A、B、C、O 套管进行电容量和介质损耗因数测试，测试结果见表 1。

表 1　　　　　110kV 侧套管电容量和介质损耗因数测试结果

电容型套管试验		tanδ（%）实测	tanδ（%）初值	tanδ（%）初值差（%）	电容量（pF）实测	电容量（pF）初值	电容量（pF）初值差（%）
A	主绝缘	0.256	0.2810	−8.8968	284.8	284.4000	0.1406
B	主绝缘	0.250	0.2670	−6.3670	286.9	286.3000	0.2096
C	主绝缘	0.231	0.2180	5.9633	284.5	283.9000	0.2113
O	主绝缘	3.461	0.2470	1301.2146	364.4	378.7000	−3.7761

110kV 侧 A 相、B 相、C 相套管电容量和介质损耗因数测试数据合格，但中性点套管介质损耗因数（3.461%）严重超标，电容量初值差（−3.7761%）虽未超标，但测量数据明显异常。

（1）套管末屏电容量和介质损耗因数测试结果见表 2。

表 2　　　　　110kV 侧套管末屏电容量和介质损耗因数测试

电容型套管试验		tanδ（%）实测	电容量（pF）实测
A	末屏	0.371	886.2
B	末屏	0.340	919.5
C	末屏	0.213	904.3
O	末屏	5.415	876.5

中性点末屏介损值明显存在异常。

（2）绝缘电阻测试。对 110kV 侧套管末屏进行绝缘电阻测试，测试结果见表 3。

表 3　　　　　110kV 侧套管末屏进行绝缘电阻测试测试结果

电容型套管	A	B	C	O
末屏绝缘（MΩ）	100000	100000	100000	100000

套管末屏绝缘测量数据无异常，绝缘水平良好。

（3）套管油中水分含量测试。考虑到介质损耗因数增加可能是由于套管内部绝缘受潮，检修人员对中性点套管绝缘油水分含量进行了取样测试分析，检测到问题套管油中水分含量为 9.8μL/L，小于规程要求的 35μL/L，数据合格。

三、 隐患处理情况

经过与中国电力科学研究院及生产厂家相关技术人员沟通后，认为测量结果异常可能是由于套管顶部定位销松动引起。变电检修室决定对变压器 110kV 侧中性点套管进行检查复测。2016 年 6 月 1 日，检修人员对套管顶部进行了拆卸，检查其各部件连接情况，将套管顶部外套拆除检查其定位销，未发现有异常，在检查过程中，检修人员发现套管顶部将军帽松动，推测介损超标的原因可能因为此处松动导致存在气隙，接触部位形成氧化膜，在施加试验电压时接触不良，进而导致了介质损耗数值增大。随后，检修人员对其进行了加固处理，处理图如图 1 所示。

图 1　加固处理

处理完毕后，检测人员对套管主绝缘和末屏的电容量及介质损耗因数进行了复测，测试结果见表 4。

表 4　　　　　110kV 侧中性点套管电容量及介质损耗因数复测结果

电容型套管试验	tanδ（％）实测	tanδ（％）初值	tanδ（％）初值差（％）	电容量（pF）实测	电容量（pF）初值	电容量（pF）初值差（％）	末屏绝缘电阻（MΩ）
O	0.228	0.2470	−7.6923	378.6	378.7000	−0.0264	10000

各项测量数据均符合规程要求，缺陷消除。

四、经验体会

（1）变压器套管是变压器的重要组成部分，其状态的好坏直接影响到主变压器是否能够安全可靠运行，应该加强对变压器套管的定期检测。

（2）在电容型套管发生介损超标，电容量显著增大现象时，除了考虑到套管本身存在绝缘性缺陷外，还应注意检查套管各部件连接是否牢固紧密，是否存在松动现象。

（3）在对变压器进行例行试验和停电检修工作中，需要拆装变压器引线接头或其他部分时，在工作结束后，应仔细检查是否恢复到原来状态，避免因为检修工作而产生设备缺陷。

五、检测相关信息

检测用仪器：微水测试仪；上海思创 HV - 9003 介损测试仪；绝缘电阻表 3121。

 变压器高压侧中性点套管 Garton 效应致介质损耗超标

设备类别：220kV 变压器高压侧中性点套管
案例名称：220kV 变压器 220kV 侧中性点套管介损异常典型案例
技术类别：停电例行试验—介质损耗测试

一、 故障经过

2016 年 3 月 7 日，检测人员根据公司停电检修计划，对 220kV 变压器进行例行试验。在试验过程中测得变压器高压侧中性点套管介质损耗 2.849%，超过注意值。为查明设备故障原因，分别进行了套管末屏介损试验和套管高压介损试验。套管末屏介损数据正常，进行套管高压介损试验时发现套管在 10～20kV 的电压下，介损值较高，继续升高电压介损趋向正常。

图 1　中性点套管铭牌

二、 检测分析方法

1. 检测对象

变压器高压侧中性点套管，铭牌见图 1。产品型号 COT550‐800，生产日期 2007 年 5 月，同年投运。

2. 检测项目

常规介损试验；高压介损试验；油色谱分析。

3. 检测数据

2016 年 3 月 7 日，检测人员在对变压器例行试验时，发现变压器高压侧中性点套管介损达到 2.849%，超过注意值，其他套管正常，试验数据见表 1。

表 1　　　　　　　　　　　　中性点介质损耗试验数据

序号	介质损耗因数 $\tan\delta$ (%)	铭牌电容量 (pF)	实测电容量 C_x (pF)	电容变化量 (%)
初值	0.295		361.6	1.29
1	2.849		361.5	1.26
2	2.86	357	361.6	1.29
3	2.832		361.8	1.34
套管绝缘电阻（MΩ）			14000	

现场采用正接法测量中性点套管介损，发现数据超标后，排除了套管接触不良、套管法兰接地不良、外部干扰等因素，多次对该套管进行试验，测得的介损值变化不大。初步判断该套管内部受潮造成整体介损增大。因电容量变化较小，排除内部电容层出现层间击穿、短路故障。

为查明故障原因，采用低压屏蔽法测量末屏介损，试验数据见表 2。末屏介损正常（<2%），绝缘良好。套管受潮时一般最外层电容层首先受潮，测量末屏介损可以有效地发现套管末屏受潮情况。测量结果可以排除该套管因内部受潮造成介损增大。

表 2　　　　　　　　　　　　中性点末屏介质损耗试验数据

序号	介质损耗因数 $\tan\delta$ (%)	电容量 C_x (pF)
1	0.977	1274
2	0.942	1276
末屏绝缘电阻值（MΩ）		10000

部分绝缘缺陷在较低电压下不易显现，试验班随后对该套管进行了多次高压介损试验。试验数据见表3。

表3　　　　　　　　　　中性点套管高压介质损耗试验数据

tanδ（%） 电压（kV）	1	2	3	4	5	6
10	0.990	0.872	0.814	0.683	0.599	0.376
20	0.710	0.869	1.031	0.826	0.733	0.379
30	0.531	0.808	0.793	0.818	0.629	0.384
40	0.456	0.720	0.714	0.674	0.545	0.391
50	0.548	0.622	0.608	0.591	0.536	0.457
60	0.548	0.616	0.602	0.587	0.472	0.468
70	0.553	0.608	0.595	0.583	0.471	0.532
80	0.557	0.600	0.593	0.591	0.472	0.539
90	0.563	0.592	0.589	0.603	0.474	0.549
100	0.571	0.582	0.588	0.609	0.474	0.561
变化曲线						

检测人员对该套管进行了多次高压介损试验，发现第1次试验时介损较高，随着试验次数的增多，介损出现下降趋势，第6次试验时介损数据降低到正常水平。根据电压与介损曲线可见，在进行前5次试验时10~20kV时套管介损值较高，随着电压的升高，介损趋向正常。

为验证该套管内部无局部放电及绝缘油受潮等缺陷，对中性点绝缘油进行色谱分析。数据见表4。绝缘油正常，内部未见放电、过热及受潮等缺陷产生的特征气体含量异常。

表4　　　　　　　　　　中性点绝缘油色谱分析数据

序号	气体种类	含量（μL/L）
1	H_2	58.85
2	CH_4	7.52
3	C_2H_6	0
4	C_2H_4	2.009
5	C_2H_2	0
6	CO	308.24
7	CO_2	352.38
8	总烃	9.551
结论		数据正常

通过绝缘电阻测试、常规套管正接法介损试验、末屏低压屏蔽法介损试验、高压（10~90kV）介损及油色谱试验，分析认为该套管内部无受潮、局部放电、匝间短路等情况发生。通过查阅相关资料，结合高压介损试验中介损因数与电压关系曲线，判断

该套管介损超标原因为中性点套管长期不带电压，因油纸绝缘套管具有 Garton 效应，出现介损超标现象。Garton 效应是指在油纸绝缘中纸纤维对油中胶体带电粒子的运动有阻碍作用，在低电压下杂质均匀分布在绝缘油中，极化损耗可能非常大，造成介损超标；在高电压下，绝缘油中的杂质在强电场的作用下分布在电极两端，对带电粒子的阻碍作用较小，介质损耗随电压增高而降低，恢复到正常水平。因油纸绝缘设备的 Garton 效应，设备的介质损耗因数在低电压下可能是高电压下的 1～10 倍。

三、 隐患处理情况

若中性点套管介损超标确是因油纸绝缘设备的 Garton 效应影响，对中性点施加较高电压后，油中溶解杂质会集中在电极两端，使得设备介损恢复正常水平。检测人员多次对该套管进行高压介损试验后，采用 10kV 常规介损进行测量。发现介损恢复正常水平，如表 5 所示。

表 5   中性点末屏介质损耗试验数据

序号	介质损耗因数 $\tan\delta$ （%）	电容量 C_x （pF）
1	0.257	361.5
2	0.258	361.6

四、 经验体会

（1）套管的介质损耗试验可以有效地发现设备绝缘受潮、内部局部放电和匝间短路、短线等缺陷，对设备状态有着重要的指导作用。

（2）末屏的介质损耗试验可以辅助判断内部电容层受潮情况，采用低压屏蔽法接线可以有效排除套管本体对末屏介损测量的影响，测量数据优于反接线法。

（3）对于长期不带电压的设备，如变压器中性点、待用间隔 TV、4 号母线 TV、电容器等设备进行介损试验时，若常规介损测试数据异常，为防止 Garton 效应的影响，可以采用高压介损或耐压试验后再次进行常规介损测试。

五、 检测相关信息

检测用仪器：HV-9003 介质损耗测试仪。

 [案例五]　变压器中压套管介质损耗超标发现末屏受潮

设备类别：220kV 变压器套管末屏
案例名称：变压器套管末屏介质损耗因数超标
技术类别：停电例行试验—介质损耗测试

一、 故障经过

1. 缺陷/异常发生前的工况

220kV 某变电站由 220kV××Ⅰ线、220kV××Ⅱ线带 1 号、2 号主变压器运行，1 号、2 号主变压器带 220kV1 号、2 号母线、35kV1 号、2 号、10kV1 号、2 号母线运行。

2. 异常情况，故障先兆

2010 年 6 月 23 日，检测人员对变压器进行例行试验。当天温度为 23.8℃，湿度为 40%，试验中发现 35kV 套管 B 相、C 相的末屏试验不合格，试验数据见表 1。

表 1   2 号主变压器试验报告（故障后）

相位	绝缘电阻	介质损耗	电容量
A 相	70000MΩ	0.554%	332.7pF
B 相	885MΩ	0.604%	340.9pF
C 相	11MΩ	—	—
O 相	60000MΩ	0.631%	319.4pF

二、 检测分析方法

试验过程中，检测人员使用绝缘电阻表的型号为 2522，试验电压为 2500V，介质损耗测试仪型号为 AI - 6000，试验电压为 2000V。由于 C 相绝缘太低，遂单独进行介损测试，试验结果介质损耗因数达 5.861%，远超过规程 1.5% 的要求。

2010 年 6 月 24 日，检测人员又更换试验设备复测 B 相和 C 相的绝缘电阻和介质损耗值，测量值没有变化。通过电吹风对套管末屏进行干燥后再行测试，效果不明显。于是检测人员得出结论：变压器 35kV 侧 B 相和 C 相电容套管末屏绝缘试验不合格。

三、 隐患处理情况

检测人员对该主变压器停电前的红外测试、油色谱分析等带电测试记录进行检查，并再次取油样进行化验分析，未发现其他异常。随后，变电检修人员将套管末屏小套管取出，进行检查，如图 1 所示。

图 1   套管末屏解体取出

黑色部分明显出现绝缘缺陷，经过分析是由于套管末屏质量问题导致受潮。绝缘电阻测试结果为 1.08MΩ，远低于 1000MΩ 的要求。

2010 年 6 月 28 日，检修人员对该两相套管进行了更换处理。

更换后检测人员进行了试验，试验结论为合格，试验仪器用修前设备没变，试验温度为 25.6℃，湿度为 45%。试验数据见表 2。

表 2　　　　　　　　　　2 号主变压器试验报告（更换后）

		绝缘电阻（MΩ）	tanδ（%）	测量电容量（pF）	标称电容量（pF）
主屏	B 相	15000	0.479	157.4	156
	C 相	15100	0.474	153.1	153
末屏	B 相	10200	0.561	331.3	
	C 相	12000	0.521	330.7	

将更换下的末屏套管进行绝缘电阻测试，B 相套管绝缘电阻为 900 MΩ，C 相套管绝缘电阻为 4 MΩ。该套管为环氧树脂材料制成，绝缘电阻低为受潮所致。

2011 年 8 月 24 日，检测人员对 2 号主变压器进行试验，35kV 套管 B 相和 C 相的试验数据见表 3。

表 3　　　　　　　　　　2 号主变压器试验报告（运行中）

		绝缘电阻（MΩ）	tanδ（%）	测量电容量（pF）	标称电容量（pF）
主屏	B 相	15200	0.478	157.5	156
	C 相	15100	0.472	153.2	153
末屏	B 相	10200	0.562	331.6	
	C 相	12000	0.523	330.5	

试验结果合格，更换后 35kV 侧 B 相和 C 相电容套管末屏绝缘良好。

四、经验体会

根据上述原因分析可知，黑色部分明显出现绝缘缺陷，经过分析是由于套管末屏质量问题导致受潮。进一步整改措施：①全面排查此型套管末屏接地情况，对发现问题的套管及时进行处理；②加强设备巡视，强化红外检测、带电测试等技术手段，及时跟踪处置各项安全隐患。

变压器中压三相套管末屏温度不平衡案例

设备类别：220kV 变压器套管末屏
案例名称：红外检测变压器套管末屏接地不良
技术类别：带电检测—红外测温

一、故障经过

2016 年 3 月 2 日，检测人员在精确测温时，发现 220kV 变压器中压套管末屏处温度三相不平衡，A 相较其他两相高约 2K，连续几天跟踪测量 A 相温度一直偏高，怀疑末屏接地不良，存在放电现象。3 月 10 日变压器停电检查，发现 A 相套管接地铜套没有完全归位，接地铜套和导电杆对外壳发生放电发热变色；用万用表测量接地铜套与外壳间的阻值较大为 950Ω，末屏接地不良。将接地装置内的铜末等杂质清理干净，对接地铜套的位置复位后，用万用表测量接地铜套与外壳间的阻值为 0.1Ω，末屏接地可靠，对接地铜套经反复试验接地无异常后，对该套管进行了全面试验，试验合格，投运后运行正常。

二、检测分析方法

变压器中压 A 相套管型号为 BRDLW2‑126/1250‑3；出厂日期 2006 年；套管末屏接地方式为内接地。

2016 年 3 月 2 日，检测人员在带电检测工作中发现变压器中压套管末屏处温度三相不平衡，A 相较其他两相高 2℃左右，经连续几天跟踪测量 A 相温度一直偏高，怀疑末屏接地不良。图谱见图 1～图 3。

图 1　A 相图谱

图 2　B 相图谱

经综合分析，怀疑末屏接地不良，存在放电现象，存在严重的安全隐患，计划安排停电检查。

3 月 10 日变压器停电，对三相中压套管的末屏进行检查，将套管末屏接地装置护

图3 C相图谱

盖打开（护盖上均标有"FRB"字样），发现A相套管末屏接地铜套位置不正确，没有完全复归到接地位置，导电杆外露部分过长，见图4；接地铜套与铝外壳间有多处放电点，并产生大量铜瘤等杂质，导电杆和接地铜套发热变色，见图5，与正常的颜色有明显的区别；用万用表测量接地铜套与铝外壳间的阻值较大为950Ω，接地不良；BC相套管末屏接地铜套位置正常，无变色，用万用表测量接地铜套与铝外壳间的阻值小于为0.1Ω，接地可靠，见图6。

图4 接地铜套未归位　　图5 接地铜套与铝外壳间有多处放电，导电杆和接地铜套发热变色

现场对出现的情况进行了处理：首先对接地装置内部的铜瘤和杂质进行了彻底清理，并用专用清洗剂反复冲洗干净，对接地铜套反复按压进行断开和接通试验，接地铜套有轻微卡涩，仔细检查，在接地铜套与导电杆间发现两块很小的金属毛刺，将金属毛刺清理后，往返动作自如无卡涩，检查接地套的接触压力与其

图6 导电杆和接地铜套正常状态

他两相对比无明显差异，用万用表测量接地铜套与铝外壳间的接触电阻值为0.1Ω，接触可靠，用绝缘电阻表测试套管末屏绝缘电阻大于1000MΩ，绝缘良好，对A相套管进行了套管介质损和电容量测试，介质损耗因数0.24%，电容量384pF，试验合格。恢复运行后，对接地处进行跟踪测温无异常，温差小于1K，现套管运行正常。

对末屏接地不良的原因进行了认真的分析：此套管末屏的接地方式为内接地，其结构如图7所示。

正常运行时，在复位弹簧压力的作用下，将接地导电杆上的接地铜套与铝外壳在内部可靠接触，使末屏接地，套管试验时，按压接地铜套露出导电杆上的定位孔，插入定位销后，将接地铜套卡住，使接地铜套与铝外壳在内部完全分离，使末屏悬浮供试验时使用，试验结束后，取出定位销，接地铜套复位接地，恢复正常运行方式。通过此次现场检查的情况，分析得出：上次主变压器套管试验结束时，工作人员在取出定位销时，没有先顶住接地铜套，在定位销不受受力的情况下取出，而是采用了直接用力拔定位销的方法，使金属间相互磕碰产生金属毛刺卡在导电杆与接地铜套间，接

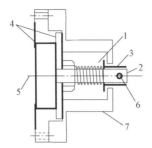

图 7　套管末屏内接地结构图

1—复位弹簧；2—末屏导电杆；3—接地铜套；4—密封件；5—末屏引线；6—定位孔；7—铝外壳

地铜套无法完全归位，同时工作人员也没有对接地铜套的位置进行认真检查和导通测量，造成套管末屏接地不良，运行中接地铜套对铝外壳放电，发热变色并产生大量铜瘤。

三、经验体会

（1）带电检测工作能够有效发现设备存在的潜在缺陷，全面掌控设备的运行状态，对保证设备安全可靠运行具有十分重要的作用，因此带电检测工作应继续加强。对带电检测工作发现的问题，应及时分析处理，总结提炼，结合实际制定相应的对策，为设备今后的运行维护提供依据。

（2）加强对检修人员的培训，让检修人员明白套管等设备内部结构和操作方法，检修时严格按说明书要求进行，保证销子取出后导电杆与接地铜套间无异物，接地铜套复位后位置正确，并测量末屏接地可靠。日常维护工作中加强对套管末屏接地情况的巡视和测温很有必要，发现有渗漏油和温度异常情况，应引起重视，结合停电查明原因，防止缺陷扩大引发事故。

（3）对末屏内接地的套管，在进行试验前，可以在导电杆上划出接地铜套复位后的正确位置标线，试验结束后，必须检查接地套归位与所做的位置标线是否吻合，否则应查明原因。

（4）套管送电前测量末屏接地的导通情况，能够有效地检测出末屏接地不良情况，完全可以避免套管在运行中末屏接地不良引发事故的可能。因此，建议将套管末屏接地的导通测试列为套管试验的最后一个项目，强制执行。

（5）内接地型式的末屏，在正常情况下，接地是否可靠与复位弹簧有着直接关系，复位弹簧长时间运行和多次检修后容易疲劳，压力降低，可能引发接地不良，并且接地点在内部，不易被发现，因此建议今后不再选用此类末屏接地的套管。

四、检测相关信息

检测用仪器型号：高压介损测试仪 HV9003F1 - 1/10/180；红外热像仪 FLIRP660。

变压器高压侧套管末屏接地引线断裂

设备类别：110kV 变压器套管
案例名称：110kV 变压器高压侧 B 相套管末屏缺陷典型案例
技术类别：停电检查

一、 故障经过

110kV 变压器型号为 SZ9-50000/110，2000 年 1 月 5 日出厂，2000 年 3 月 23 日投入运行，采用有载调压方式。

2016 年 3 月 17 日，测试人员对该站进行例行试验，进行变压器高压侧绕组连同套管介损及电容量测试时，发现变压器 110kV 侧套管末屏损坏缺陷，检修人员对接地垫片进行了更换，更换后进行试验结果无异常。

二、 试验分析方法

2016 年 3 月 17 日，检测人员测试人员对变压器及两侧间隔进行例行试验，进行变压器高压侧绕组连同套管介损及电容量测试时，发现变压器 110kV 侧套管末屏损坏缺陷，该类型套管末屏接地方式是末屏帽、接地垫片相配合，其中接地垫片为主接地，末屏帽是辅助性接地。检测人员在打开 B 相套管末屏帽后发现接地垫片与末屏引线导杆相分离，使套管末屏主接地一直处于失地状态，如图 1 所示，图 1（a）、（c）是正常情况下，A、C 相末屏帽打开后，接地垫片与末屏引线导杆，相贴合的状态，图 1（b）是 B 相套管在打开末屏帽后，接地垫片与末屏引线导杆相分离的情况。图 2 为现场工作情况。

(a)   (b)   (c)

图 1 110kV 侧 B 相套管打开末屏帽后接地垫片与末屏引线导杆缺陷情况和正常情况

图 2　检测人员对变压器高压侧套管进行介损测试时打开末屏帽的情况

三、 隐患处理情况

检测人员向工区报告，工区决定立即对该相套管末屏进行处理，检修人员对接地垫片进行了更换，更换后，接地垫片与末屏引线导杆贴合在一起，如图 3 所示，然后进行试验，结果无异常。

四、 心得体会

套管末屏在运行中应良好接地，若运行中由于各种原因造成末屏不健全或接地不良，末屏对地会形成一个电容，由于该电容远小于套管本身的电

图 3　接地垫片与末屏导杆贴合在一起

容，会造成末屏与地之间形成很高的悬浮电压，导致末屏对地放电，烧毁附近的绝缘体，严重的会导致套管爆炸事故。主变压器套管末屏会由于气候、环境等问题出现缺陷隐患。北方雾霾严重，套管末屏内部的金属片很容易受到环境影响机械形变或机械性能变差，现总结如下：

（1）加强主变压器套管在出厂、运输以及安装过程中环境的清洁，尽量保证安装环境，避免雾霾、湿度大的天气安装，以免进入水分过多，导致末屏帽内机械结构变坏。

（2）加强对主变压器末屏的清洁力度，减少末屏由于脏污、潮湿等缘故寿命缩短。

[案例八]　变压器中压侧套管末屏锈蚀断裂

设备类别：220kV 变压器 110kV 侧套管
案例名称：绝缘电阻测量时发现套管末屏锈蚀损坏/介质损耗异常、绝缘电阻异常
技术类别：交接试验—介质损耗测试

一、故障经过

某 220kV 变电站变压器型号为 SFSZ10‑180000/220 型变压器，2003 年生产；110kV 侧套管型号为 BRDLW‑126/630‑4，2002 年 12 月生产。该变压器返厂大修前为该站 2 号主变压器，其相关附件为未更换，套管仍为原变压器的套管。

2016 年 3 月 24 日，检测人员对该站 1 号主变压器进行交接试验，检测人员测量 1 号主变压器套管介质损耗试验时，发现 110kV 侧 A 相套管末屏接地螺栓断裂（见图 1），进一步测量时发现末屏内部螺栓锈蚀断裂，经反复多次测量确定介质损耗异常。经判断套管不具备继续使用条件且现场无备用套管，运维检修部立即购买同型号的套管，3 月 26 日套管到位后立即更换，更换后进行相关电气试验，各项试验结果均无异常。

二、检测分析方法

（一）现场情况

对该变压器 110kV 侧套管进行绝缘电阻试验，其绝缘组试验均为合格（见表 1）。

表 1　　　　　　　　变压器 110kV 侧绝缘电阻试验（MΩ）

绝缘电阻	主绝缘	末屏绝缘	备注
A 相	65000	200000	
B 相	74000	43000	
C 相	86000	52000	

变压器 110kV 侧套管主绝缘电阻分别为：A 相 65000MΩ、B 相 74000MΩ、C 相 86000MΩ，其末屏绝缘电阻分别为：A 相 200000MΩ、B 相 43000MΩ、C 相 52000MΩ，其 A 相套管末屏绝缘电阻要比 B、C 两相绝缘电阻偏大（大一数量级），A 相绝缘电阻数值为绝缘电阻表满量程数值。按照国家电网公司《输变电设备状态试验规程》套管末屏绝缘电阻不低于 1000MΩ 的标准，其绝缘电阻均为合格。

检测人员对套管进行油色谱分析，试验数据在规程规定范围内，油中各组分气体的含量未见异常，具体数据见表 2。

表 2　　　　　　　　油色谱试验数据（μL/L）

试验项目	氢气 H_2	甲烷 CH_4	乙烯 C_2H_4	乙烷 C_2H_6	乙炔 C_2H_2	总烃 $\sum C_i$
测试结果	11	2.14	1.62	1.85	0.0	5.61

随后检测人员对其进行套管介损试验，发现在做 110kV 侧 A 相套管介质损耗试验时，其介损值较大，为 4.15%，根据《电力设备交接和预防性试验规程》规定，变压器套管交接试验，介损值在室温下 tanδ 应不大于 0.7%。其测量电容量仅为 23pF，而铭牌值为 402pF，根据《电力设备交接和预防性试验规程》规定，变压器套管交接试验，电容量与出厂值差别应不大于 ±5%。A 相套管介质损耗和电容量试验数据均不合

格。在试验过程中，检测人员可明显的听见末屏发出"吱吱"的放电声，检测人员初步判断该套管的末屏的内部有断线的可能，其试验数据见表3。

表3　　　　　　　　　　1号主变压器110kV侧套管介损及电容量

介质损耗及电容量	tanδ（%）	C_x（pF）	C_n（pF）
A相	4.150	402	23
B相	0.379	412	415
C相	0.330	420	418

A相套管螺栓及螺母表面有绿色氧化层，随后，检测人员在擦拭A相套管过程中，套管末屏接地螺栓断裂，且在氧化层底部有明显旧的断裂伤痕，见图1和图2。

图1　套管末屏接地螺栓（虚线框内）断裂

根据以上情况可以分析试验的结果，由于该套管末屏接线柱与套管内部接线断开，测量绝缘电阻时由于该接线柱与套管没有了内部连接，测量值并不是该末屏的绝缘电阻，而是该断裂的接线柱与外部绝缘支柱的绝缘电阻，因此该绝缘电阻较大，其测量的介质损耗和电容量不准确。

图2　末屏接地螺栓断裂面

（二）原因分析

由于螺栓的断裂引发套管末屏接地外部密封不严，潮气进入末屏导致A相套管末屏氧化锈蚀严重，末屏接地螺栓断裂。

三、隐患处理情况

由于末屏断裂，套管不具备继续使用条件，运检部门紧急采购该型号套管。3月26日，新套管到位，公司立即组织人员对A相隐患套管进行更换安装，更换后进行电气试验，试验数据合格，无异常情况，如图 3 所示。

图 3　更换后套管末屏接地

四、 经验体会

（1）加强变压器安装工艺的监督管理工作，关注安装过程中的一些关键环节，对容易遗留隐患的环节制定有效控制措施，保证设备安装质量。

（2）把好设备验收关。在设备新安装、大修等工作后加强设备验收工作力度，实施"三级验收"，特别是一些隐蔽性缺陷，确保做到设备"零缺陷、零隐患"投运。

五、 检测相关信息

检测用仪器：

DM100C 型绝缘电阻测试仪；

HV6001 型介质损耗测试仪；

ZF - 301 型气相色谱仪。

测试温度：10℃，测试湿度：50％。

[案例九]　变压器高压侧套管本体三相温度不平衡

设备类别：变压器套管
案例名称：红外测温发现变压器高压侧套管局部发热
技术类别：带电检测—红外测温

一、 故障经过

2016 年 5 月 22 日，红外精确测温时发现变压器高压侧 A 和 B 相套管局部发热。为了进一步确定套管发热情况，5 月 23 日夜间 10 点左右，检测人员对变压器套管进行了红外复测。进一步确定该变压器 A、B 两相套管存在运行温度异常。6 月 16 日，变压器停电检查。检测人员检测人员对套管进行高压介质损耗试验，220kV 侧 A 相套管介质损耗增量为 0.368％，超过了规定不大于±0.3％的要求，试验结果不合格。

二、 检测分析方法

变压器型号为 SFSZ10 - 180000/220，2009 年 8 月生产，并于 2009 年 11 月 21 号投运。其高、中压套管型号分别为 COT1050 - 800 和 COT550 - 1600。

2016 年 5 月 22 日夜间，在对变压器红外精确测温时，发现变压器高压侧 A 和 B 相套管局部发热。测得 A 相套管最高温度 25.2℃，温差最高 3.5℃，温升 4.7℃，相对温差 74.5%；B 相套管最高温度 25.0℃，温差最高 3.3℃，温升 4.5℃，相对温差 73.3%。测量时变压器油温为 30℃，设备参照体温度 20.5℃。测温图谱如图 1 所示。

根据 DL/T 664—2008《带电设备红外诊断应用规范》要求，高压套管热像为对应部位呈现局部发热，温差大于 3K。判断此缺陷为电压致热型严重缺陷。

检测人员将发现的问题汇报给了工区。为了进一步确定套管发热情况，5 月 23 日夜间，对变压器高压套管进行复测，复测的红外图谱如图 2 所示。测得的 A 套管最高温度 24.5℃，温差 3.7℃，温升 4.5℃，相对温差 82.2%；B 相套管最高温度 24.5℃，温差 3.4℃，温升 5℃，相对温差 68%。进一步确定该变压器 A、B 两相套管存在运行温度异常。

经分析判断，变压器高压侧套管红外测温异常，可能存在绝缘劣化、制造工艺不良、绝缘材料不合格等问题，需立即更换变压器套管。

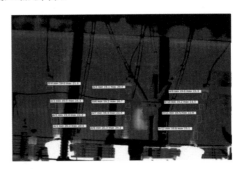

图 1　红外测温图谱　　　　　　　　　图 2　红外复测图谱

三、缺陷处理情况

2016 年 6 月 16 日，变压器停电，检测人员对变压器套管进行停电诊断性试验。通过采用串联谐振成套装置（型号 VFSR‑4500/500）外施高压加外接高压标准电容（型号为 SYL180‑100）的方法对 220kV 侧 A 相套管进行高压介损试验。当测量电压从 10kV 升到 $220kV/\sqrt{3}$ 时，介质损耗因数增量为 +0.368%，根据 Q/GDW 1168—2013《输变电设备状态检修试验规程》要求，超过规定值 ±0.3%；220kV 侧 C 相介质损耗因数增量达到了 +0.278%，接近临界值 ±0.3%。试验数据如表 1 所示。

表 1　　　　　　　　　　　　　　　　高压介质损耗试验结果

220kV 侧 A 相			220kV 侧 B 相			220kV 侧 C 相		
电压 (kV)	电容量 (pF)	介损 (%)	电压 (kV)	电容量 (pF)	介损 (%)	电压 (kV)	电容量 (pF)	介损 (%)
13.21	357.3	0.354	13.02	355.7	0.355	11.96	355.9	0.349
20.72	357.2	0.400	20.53	356.0	0.404	20.83	356.2	0.399
40.55	357.4	0.537	40.53	356.0	0.434	39.42	356.2	0.417

220kV 侧 A 相			220kV 侧 B 相			220kV 侧 C 相		
电压 (kV)	电容量 (pF)	介损 (%)	电压 (kV)	电容量 (pF)	介损 (%)	电压 (kV)	电容量 (pF)	介损 (%)
60.87	358.0	0.610	60.04	355.8	0.456	59.68	356.0	0.457
79.69	358.2	0.648	81.06	356.2	0.484	79.70	356.3	0.540
99.44	358.4	0.686	100.0	356.4	0.504	99.18	356.5	0.592
126.5	358.6	0.722	126.8	356.5	0.519	126.7	356.8	0.627
99.84	358.4	0.689	100.2	356.4	0.503	99.86	356.6	0.591
79.83	358.2	0.649	80.46	356.2	0.486	79.41	356.3	0.543
61.06	358.0	0.604	59.92	356.0	0.455	60.85	356.1	0.462
40.08	357.9	0.536	39.86	356.2	0.435	40.56	356.2	0.420
21.75	357.6	0.400	20.79	356.2	0.400	20.55	356.3	0.404
12.35	357.3	0.356	12.26	355.9	0.362	12.22	356.1	0.372
介损增量：0.368% 额定电容量：359pF 电容量初值差：0.5%			介损增量：0.164% 额定电容量：359pF 电容量初值差：0.92%			介损增量：0.278% 额定电容量：359pF 电容量初值差：0.86%		

220kV 侧中性点								
电压(kV)	电容量(pF)	介损(%)						
13.17	306.5	0.343						
20.92	306.8	0.385						
40.75	306.8	0.382						
63.86	306.4	0.346						
40.58	306.8	0.379						
20.95	306.9	0.387						
12.31	306.4	0.330						
介损增量：0.003% 额定电容量：307pF 电容量初值差：0.2%								

220kV 侧 A 相套管介质损耗增量为 0.368%，超过了不大于±0.3%的要求，结合红外测试数据异常，决定更换变压器高压、中压套管。

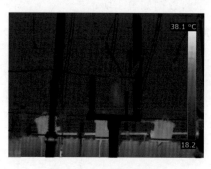

图 3　变压器红外复测

2016 年 6 月 17 日，8 支变压器套管到达该站，检测人员首先对这 8 支套管进行交接试验，试验合格后，工作人员将变压器高压、中压套管拆除，并更换了新的变压器套管。

套管全部更换完毕后，检测人员对变压器进行了交接试验，试验合格。

2016 年 6 月 22 日，变压器送电。检测人员对变压器进行了红外复测（见图 3），复测合格。

四、 经验体会

（1）红外热成像检测技术能够有效地发现设备过热缺陷，对运行中的设备定期开展红外测温，特别是精确测温，是十分有必要的。

（2）套管作为变压器的重要附件，其运行状态的好坏，直接关系到变压器的安全运行，因此加强对套管的专业管理尤为重要，应从套管选型、入厂监造、出厂检验、交接试验、带电检测、停电检修各个环节严格把关，套管的质量才能得到保障。

五、 检测相关信息

检测用仪器型号：高压介质损耗测试仪 HV9003F1‐1/10/180；串联谐振成套装置：VFSR‐4500/500；高压标准电容：SYL180‐100；红外热像仪：FLIRP660。

 变压器高压侧套管整体发热发现内部绝缘劣化

设备类别：220kV 变压器高压侧套管
案例名称：变压器套管整体发热
技术类别：带电检测—红外测温

一、 故障经过

220kV 变压器于 2013 年 9 月 26 日投运，型号为 SFSZ10‐K‐150000/220（生产日期为 2013 年 9 月 14 日，出厂编号为 07111306）。自投运以来，变压器整体运行情况良好。2015 年 11 月 23 日，对变压器进行例行测温时发现，高压侧 A 相套管整体温度偏高，与其他两相的最大温差达到 2.8K，属于严重缺陷。由于该变电站是为市区供电的主要变电站，因此检测人员于 2015 年 11 月 24、25、27 日又对变压器进行复测，测试结果与 23 日测试结果一致。初步判断为套管内部存在绝缘劣化、受潮导致介质损耗偏大的电压致热现象。

二、 检测分析方法

（1）2015 年 11 月 23 日，对变压器进行红外精确测温时发现，高压侧 A 相套管温度明显偏高，最高温度达到 5.6℃，与 B、C 相套管最大温差为 3.5K，见图 1。根据 DL/T 664—2008《带电设备红外诊断应用规范》附录 B 电压致热型设备缺陷诊断判据判断，高压套管整体发热温差达到 2～3K 即为严重缺陷（环境参考体温度为 -1℃、高压侧负荷电流为 90.3A、风速为 0.3m/s）。

测量		℃
Ar1	Max	5.6
	Min	3.0
	Average	4.2
Ar2	Max	3.8
	Min	1.9
	Average	2.8
Ar3	Max	2.1
	Min	1.0
	Average	1.5
Ar4	Max	5.6
	Min	2.5
	Average	3.8
Ar5	Max	4.0
	Min	1.4
	Average	2.4
Ar6	Max	2.8
	Min	0.7
	Average	1.5
差值 Ar4.Max-Ar6.Max		2.8
差值 Ar1.Max-Ar3.Max		3.5
参数		
辐射率		0.93
反射温度		20℃

图 1　变压器套管红外与可见光图像

（2）2015 年 11 月 24、25 两日，检测人员又分别对变压器套管进行复测，复测结果如图 2、图 3 及表 1 所示。

测量		℃
Ar1	Max	0.1
	Min	−1.2
	Average	−0.5
Ar2	Max	−0.4
	Min	−1.9
	Average	−1.2
Ar3	Max	−1.4
	Min	−2.6
	Average	−2.0
Ar4	Max	−0.3
	Min	−2.0
	Average	−1.3
Ar5	Max	−1.1
	Min	−2.6
	Average	−1.9
Ar6	Max	−1.4
	Min	−2.8
	Average	−2.2
差值 Ar1.Max-Ar3.Max		1.5
差值 Ar4.Max-Ar5.Max		1.1
参数		
辐射率		0.95
反射温度		20℃

图 2　变压器套管红外复测情况（一）

测量		℃
Ar1	Max	3.4
	Min	1.7
	Average	2.8
Ar2	Max	2.7
	Min	0.9
	Average	1.7
Ar3	Max	1.2
	Min	0.1
	Average	0.6
Ar4	Max	3.2
	Min	1.4
	Average	2.1
Ar5	Max	1.9
	Min	0.5
	Average	1.1
Ar6	Max	1.4
	Min	−0.1
	Average	0.6
差值 Ar1.Max-Ar3.Max		2.3
差值 Ar4.Max-Ar6.Max		1.8
参数		
辐射率		0.95
反射温度		20℃

图 3 变压器套管红外复测情况（二）

表 1 变压器高压侧套管历史测温及复测数据

测温日期	A 相温度（℃）	B 相温度（℃）	C 相温度（℃）	负荷电流（A）	环境温度（℃）	风速（m/s）
2015 年 9 月 13 日	38.1	36.2	35.1	172.6	25	0.3
2015 年 10 月 11 日	15.2	14.2	13.1	100.8	10	0.5
2015 年 11 月 23 日	5.6	4.0	2.8	90.3	−1	0.4
2015 年 11 月 24 日	3.4	2.7	1.4	89.5	0	0.5
2015 年 11 月 25 日	0.1	−0.4	−1.4	70.2	−3	0.3

复测结果相对温差在负荷较大时，能达到 2K 以上，根据 DL/T 664—2008《带电设备红外诊断应用规范》附录 B 电压致热型设备缺陷诊断判据判断，高压套管整体发热温差达到 2～3K 即为严重缺陷，初步判断为套管内部存在绝缘劣化、受潮导致介质损耗偏大的电压致热现象。

（3）2015 年 11 月 27 日，运维人员对变压器中性点直接接地方式进行更换，将变压器中性点接地，变压器中性点接地打开，检测人员又分别对变压器套管进行复测，复测结果如图 4 所示。最大温差为 1.2K（环境参考体温度为 6℃、高压侧负荷电流为25.6A、风速为 0.3m/s）由于此时负荷电流较小，因此仍怀疑高压侧 A 相套管存在缺陷。

（4）2015 年 11 月 26 日，供电公司检测人员对变压器进行油色谱试验，试验数据见表 2，试验结果与之前相比无异常。

测量		℃
Ar1	Max	6.8
	Min	4.8
	Average	5.8
Ar2	Max	6.2
	Min	3.9
	Average	5.1
Ar3	Max	5.6
	Min	3.5
	Average	4.5
Ar4	Max	6.5
	Min	3.9
	Average	5.0
Ar5	Max	5.8
	Min	3.5
	Average	4.5
Ar6	Max	6.0
	Min	3.0
	Average	4.3
差值 Ar1.Max-Ar3.Max		1.2
差值 Ar4.Max-Ar6.Max		0.5
参数		
辐射率		0.95
反射温度		20℃

图 4　变压器套管红外复测情况

表 2　　　　　　　　　　变压器油色谱试验数据

试验日期	CH₄含量	C₂H₄含量	C₂H₆含量	C₂H₂含量	H₂含量	CO 含量	CO₂含量
2015 年 10 月 21 日	2.46	0.31	0.25	0	16	152	527
2015 年 11 月 26 日	2.51	0.28	0.32	0	17.2	135	498

三、隐患处理情况

2015 年 11 月 28 日，变电检修室对变压器高压侧套管进行停电诊断性试验。试验结果如表 3 所示，高压侧 A 相套管介质损耗超标。

表 3　　　　　　　　　变压器高压侧套管高压介质损耗试验结果

220kV 侧 A 相				220kV 侧 B 相			
电压（kV）	频率（Hz）	电容量（pF）	介损（%）	电压（kV）	频率（Hz）	电容量（pF）	介损（%）
4.8	32.1	399.1	0.290	5.2	32.1	398.2	0.320
11.7	32.1	399.1	0.296	9.93	32.1	398.2	0.321
18.18	32.1	399.2	0.306	18.59	32.1	398.4	0.332
25.24	32.1	399.2	0.352	25.26	32.1	398.4	0.340
31.93	32.1	399.3	0.363	31.95	32.1	398.6	0.346

220kV 侧 A 相				220kV 侧 B 相			
电压（kV）	频率（Hz）	电容量（pF）	介损（%）	电压（kV）	频率（Hz）	电容量（pF）	介损（%）
38.62	32.1	399.4	0.392	38.58	32.1	398.6	0.349
45.5	32.1	399.4	0.421	45.56	32.1	398.6	0.352
52.36	32.1	399.5	0.453	51.98	32.1	398.7	0.354
58.5	32.1	399.5	0.489	58.87	32.1	398.7	0.359
65.72	32.1	399.6	0.507	65.51	32.1	398.8	0.362
72.12	32.1	399.7	0.512	72.19	32.1	398.8	0.367
79.07	32.1	399.8	0.523	78.84	32.1	398.8	0.371
85.6	32.1	399.8	0.554	85.58	32.1	398.9	0.374
92.76	32.1	399.9	0.589	92.66	32.1	398.9	0.378
99.38	32.1	399.9	0.601	99.63	32.1	398.9	0.381
105.8	32.1	399.9	0.623	106	32.1	399.0	0.385
112.6	32.1	400.0	0.631	112.5	32.1	399.0	0.390
119.1	32.1	400.0	0.640	119.6	32.1	399.1	0.392
126.7	32.1	400.1	0.649	126.1	32.1	399.1	0.395
电容量变化	0.288%	介损增量	+0.353%	电容量变化	0.232%	介损增量	+0.075%

220kV 侧 C 相				220kV 侧 O 相			
电压（kV）	频率（Hz）	电容量（pF）	介损（%）	电压（kV）	频率（Hz）	电容量（pF）	介损（%）
4.91	32.1	399.8	0.360	10.19	32.7	342.6	0.251
10.18	32.1	399.8	0.365	14.52	32.7	342.6	0.252
18.51	32.1	399.8	0.368	19.02	32.7	342.6	0.260
25.5	32.1	399.9	0.372	23.66	32.7	342.7	0.264
31.64	32.1	399.9	0.376	28.12	32.7	342.7	0.271
38.92	32.1	399.9	0.382	32.87	32.7	342.8	0.278
46.09	32.1	399.9	0.388	37.87	32.7	342.8	0.284
52.58	32.1	400.0	0.396	41.68	32.7	343.0	0.288
59.18	32.1	400.0	0.402	46.33	32.7	343.0	0.292
66.44	32.1	400.0	0.408	50.9	32.7	343.1	0.296
72.27	32.1	400.1	0.414	55.24	32.7	343.1	0.301
78.94	32.1	400.2	0.420	59.97	32.7	343.1	0.309
85.15	32.1	400.2	0.425	64.26	32.7	343.1	0.306

220kV侧 C相				220kV侧 O相			
电压（kV）	频率（Hz）	电容量（pF）	介损（%）	电压（kV）	频率（Hz）	电容量（pF）	介损（%）
93.09	32.1	400.2	0.429	68.66	32.7	343.2	0.308
100.1	32.1	400.3	0.431	73.09	32.7	343.2	0.312
150.9	32.1	400.3	0.434	电容量变化	0.219%	介损增量	+0.061%
111.7	32.1	400.4	0.438				
118.8	32.1	400.4	0.442				
127.5	32.1	400.4	0.445				
电容量变化	0.232%	介损增量	+0.085%				

随后检修人员对该套管进行更换，送电运行后再次进行红外检测，结果无异常。

四、 经验体会

（1）电压致热型缺陷一般不易发现。套管内部绝缘不良、受潮导致的介损超标反映到外部的温差可能并不大。因此，对于此类缺陷一要缩小仪器温标，使热像图更加明显；二要通过改变负荷、运行方式等方法对其进行复测。

（2）做好变压器定期带电检测工作，发现隐患及时上报处理。当数据异常时要综合分析，逐项排除，跟踪监测，并结合其他试验项目进行判断。

五、 检测相关信息

检测用仪器：FLIR P660 红外测温仪。

 变压器高压侧套管温度场分布异常发现内部缺油

设备类型：变压器中压侧 110kV 套管
案例名称：变压器高压侧相间套管温度异常典型案例
技术类别：带电检测—红外测温

一、 故障经过

2014 年 12 月 3 日，变压器的例行试验合格。2015 年 7 月 31 日，运维人员在对 110kV 某变电站进行红外测温时发现变压器 110kV 侧 A 相套管最高温差为 9.5K，B 相套管最高温差为 9.6K，均出现明显的温度水平分界面，参照 DL/T 664—2008《带电设备红外诊断应用规范》附录 B 电压致热型设备缺陷诊断判据表 B.1 电压致热型设备缺陷诊断判据：以油面处为最高温度的热像，油面有明显的水平分界线，可以判断变压器 110kV 侧 A、B 两相套管存在缺油隐患。变压器于 2003 年 1 月 19 日投运，型号为 SFSZ7 - 31500/110，110kV 套管型号为 BRLQB - 110/630W。

二、 检测分析方法

1. 红外热像检测

2015 年 7 月 31 日 19：05，检修人员对变电站设备进行安全大检查，当进行红外测温项目时，发现变压器 110kV 侧套管红外图谱异常，110kV 侧 A、B 相套管红外图谱有明显的水平分界面，且上下温差相差较大，如图 1～图 4 所示。测试数据如表 1 所示。

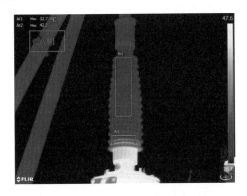

图 1　变压器 110kV 侧 A 相套管图谱

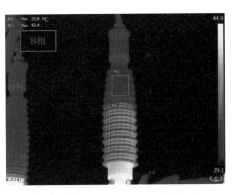

图 2　变压器 110kV 侧 B 相套管图谱

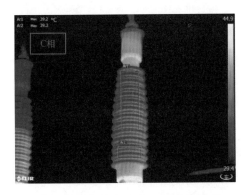

图 3　变压器 110kV 侧 C 相套管图谱

图 4　变压器 110kV 侧三相套管图谱

表 1　　　　　　　　　变压器 110kV 侧 C 相套管红外测试数据

	框 1	框 2	温差
A 相最高温	32.7	42.2	9.5
B 相最高温	32.8	42.4	9.6
C 相最高温	39.2	39.3	0.1

通过以上红外数据可以看出，A、B 相套管红外图谱异常，上下温度相差较大，随

后，检测人员对每一相套管进行了温度分析，如图5～图7所示。

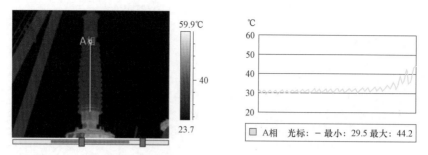

图5　变压器110kV侧A相套管温度分析

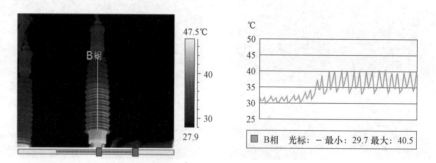

图6　变压器110kV侧B相套管温度分析

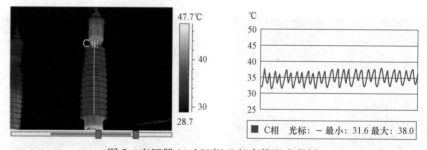

图7　变压器110kV侧C相套管温度分析

　　通过红外检测结果分析，变压器110kV侧C相套管整体温度分布均衡，A相套管从下至上第2瓷裙处出现温度分界面，B相套管从上至下第6瓷裙处出现温度分界面，参照DL/T 664—2008《带电设备红外诊断应用规范》附录B电压致热型设备缺陷诊断判据表B.1电压致热型设备缺陷诊断判据：以油面处为最高温度的热像，油面有明显的水平分界线。可以判定变压器110kV侧A、B两相套管出现缺油，且A相套管漏油情况较B相更为严重。

　　2. 气相色谱分析

　　9月28日，主变压器停电后，工作人员首先对高压侧A、B、C相套管及变压器本体中绝缘油进行气相色谱分析（油色谱分析），测试结果如表2、表3所示。

表2　　　　　　　　　　　　　　　变压器油色谱分析数据

设备	变压器	电压等级	110kV	容量		油重(t)		油种	
取样条件	取样日期	2015－09－28		2015－09－28		2015－09－28		2015－09－28	
	分析日期	2015－09－28		2015－09－28		2015－09－28		2015－09－28	
	油温（℃）	45		45		45		45	
	负荷（MVA）	0		0		0		0	
	相别	A		B		C		本体	
组分含量（μL/L）	H_2	10		8.2		3.5		4.1	
	O_2	0		0		0		0	
	N_2	0		0		0		0	
	CO	568.22		455.18		322.68		471.20	
	CO_2	3321.52		1865.23		1258.68		1322.15	
	CH_4	8.4		6.73		4.39		6.15	
	C_2H_4	5.61		5.32		2.95		4.81	
	C_2H_6	2.02		1.83		0.62		1.90	
	C_2H_2	1.8		0		0		0	
	总烃	17.83		13.88		7.96		12.86	

表3　　　　　　　　　　2014年9月1日变压器油色谱数据

	试验项目	单位	试验实测值
1	氢气 H_2	μL/L	4
2	一氧化碳 CO	μL/L	473.53
3	二氧化碳 CO_2	μL/L	1460.36
4	甲烷 CH_4	μL/L	6.81
5	乙烯 C_2H_4	μL/L	4.74
6	乙烷 C_2H_6	μL/L	1.72
7	乙炔 C_2H_2	μL/L	0
8	总烃 $\sum C_i$	μL/L	13.27
9	含气量	%	/

　　通过上述数据可以判断，与C相正常数据相比，高压侧A相套管内油色谱氢气含量增高，说明存在漏油情况导致油中渗水，而乙炔含量突然增高则怀疑套管内可能存在放电现场；B相中的氢气有轻微增长，说明存在漏油情况导致油中渗水。变压器本体中绝缘油与上次测试数据变化不大，证明变压器本体无异常，且故障相套管暂时未对变压器本体造成影响。

3. 介质损耗试验及其他常规试验项目

现场检测人员在第一次停电未滤油前、套管滤油后以及更换套管后分别进行了介质损耗试验，试验数据如表4所示。

表4 套管更换前介质损耗值

试验性质	时间	油温（℃）	介质损耗值（20℃换算值%）			电容值（pF）		
			A	B	C	A	B	C
例行试验	2014.12.03	15	0.27	0.34	0.34	262.2	262.7	254.2
套管滤油前	2015.9.28	30	1.62	0.93	0.35	271.3	268.8	255.0
套管滤油后	2015.9.30	20	1.23	0.36	0.35	264.5	263.1	255.2

根据规程规定，电压等级为110kV的运行中的充油型套管，介质损耗值应不大于1.5%。

通过上述介质损耗试验，可以发现A相套管介质损耗值超出规程要求，且在滤油过后虽然未超出标准值，但贴近临界值，说明套管内部可能存在其他缺陷未排除，需要进一步处理。B相套管在滤油前的介质损耗值变化较大，在滤油过后，介质损耗值恢复正常，说明B相套管因漏油导致套管内部受潮；C相套管测试数据正常。

综上所述，A相套管除了漏油之外，内部可能存在其他故障，需要进一步处理。

三、 隐患处理情况

9月28日，检修人员对变压器110kV侧套管进行处理。经多次进行油色谱分析及对套管进行介质损耗试验后，初步认定A、B相套管均有漏油点，而且A相套管内部可能存在其他放电故障点。因此检修人员对套管进行吊装检查。

吊装之后，检修人员对A相套管进行仔细检查，但并未发现其他明显故障点，经上报上级领导，决定使用现有备用套管，对原有三相套管全部进行更换。

变压器110kV侧三相套管均安装完毕后，对变压器进行注油，并进行静置。静置完成后，变电运检室工作按照规程要求，对更换后变压器按照交接试验要求开展试验项目。试验项目包括变压器直流电阻试验、绝缘电阻试验、绕组连同套管介质损耗试验、变比试验、套管介质损耗试验、绕组变形试验、变压器耐压试验。试验项目全部合格。

10月2日，检修人员对变压器重新测温，红外图谱如图8所示。

可以看出，变压器110kV侧三相套管上、下部温度无明显差异，各相之间温差也符合要求，缺陷成功消除。

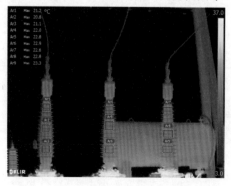

图8 套管更换后红外图谱

四、 经验体会

（1）变压器投运 24h 后，对变压器进行带电检测，检测变压器运行状态，确保变压器无其他异常状况。

（2）加强变压器投运前的验收工作，特别注意检查套管油位是否正常。

 **变压器红外检测发现套管油枕油位偏低**

设备类别：220kV 变压器 110kV 侧套管
案例名称：红外精确测温检测套管本体温度异常
技术类别：带电检测技术—红外测温

一、 故障经过

某 220kV 变压器于 1991 年 12 月投运，型号为 SFPSZ7-120000/220 型变压器，投运以来运行良好。

2015 年 5 月 21 日，检测人员在对变电站进行精确红外测温时发现变压器 110kV 中压侧套管温差异常，供电公司立即组织相应班组对存在异常的 2 号变压器进行跟踪对比分析，通过带电检测红外测温试验发现变压器 A、B、C 三相的相间对比分析以及与 1 号变压器同部位的对比分析，判断出变压器 110kV 侧中压 A 相套管存在异常。通过对套管外观的仔细观察，发现渗油现象严重，油位计指示套管油位偏低。上报公司运检部批准，变压器转热备用，并紧急联系生产厂商对套管进行更换。完成新套管更换安装，并对变压器进行电气试验、油化试验及变压器局部放电试验。各项试验结果均无异常，变压器恢复送电。

二、 检测分析方法

根据 DL/T 664—2008《带电设备红外诊断应用规范》第 8.2 节同类比较判断法，通过对变压器三相间的 110kV 套管红外测温对比，以及与另一台变压器中压侧套管测温的横向对比对本案例进行分析。

1. 相间对比分析

利用红外成像图像分析软件，对此次精确红外测温的变压器中压侧套管图谱（如图 1 所示）进行分析，发现中压套管变 B、C 相套管顶端将军帽温度分别为 45.2℃ 和 45.5℃，A 相相同部位温度偏低，为 36.8℃，相间最大温差为 8.7K。

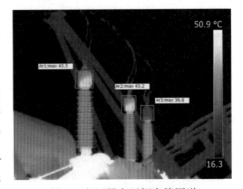

图 1　变压器中压侧套管图谱

运用红外成像图像分析软件,对变压器中压套管温度异常相 A 相进行分析,得到分析谱图 2。

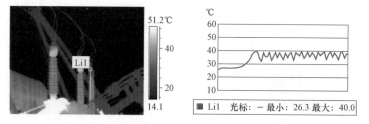

图 2 2 号变压器中压侧 A 相分析谱图

2. 与另一台并列运行的变压器的横向对比分析

1 号变压器与 2 号变压器为同一厂家同一型号同一批次的变压器,将变压器中压侧

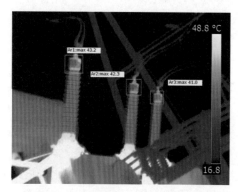

图 3 1 号变压器中压侧套管图谱

套管的图谱与另一台变压器中压侧套管的相同位置的图谱(如图 3 所示)进行比较。

首先分析 5 月 21 日,两台变压器的负荷,当天的负荷曲线如图 4 所示。在相同负荷变化趋势的前提下,变压器中压侧套管三相的温度最高温差为 2.2K。

2 号变压器 8.7K 的温差,是 1 号变压器的近四倍,根据 DL/T 664—2008《带电设备红外诊断应用规范》附录 B 电压致热型设备缺陷诊断判据,综合分析判断 2 号变压器中压侧套管存在严重缺陷。

根据 DL/T 664—2008《带电设备红外诊断应用规范》,按照套管类设备红外缺陷典型图谱图 J.30,图 J.31,图 J.36,通过对套管的外观检查,发现套管有漏油的现象。同时检查 A 相套管油位计可以看见该相套管已缺油。

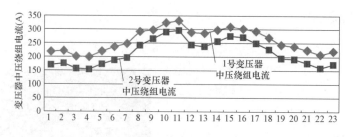

图 4 两台变压器中压绕组负荷电流曲线

红外热像检测分析缺陷原因为:变压器 110kV 侧 A 相套管发生渗漏导致油位下降,造成套管本体红外检测温度异常。因套管本体是整体电容式结构,不易查找渗漏点,为保证变压器可靠运行,将变压器转热备用,待套管到货后进行更换。

三、隐患处理情况

公司联系生产厂商对变压器 110kV 侧 A 相套管进行了更换。6 月 4 日完成新套管更换安装。6 月 4 日完成套管交接试验及变压器局部放电试验,试验结果表明设备无异常。6 月 5 日对套管开展了套管更换后红外精确测温,套管温度分布正常。

四、经验体会

(1) 红外热像检测技术能够及早发现设备缺陷,除了在迎峰度夏、度冬前及周期性红外热像精确测温外,还可以在到期设备检修、试验前及重要设备停电前进行红外测温工作,有效指导设备检修,提高检修工作效率和工作质量。同时,将红外热像检测和设备的例行停电试验工作进行结合对比分析,能为设备缺陷的判断和处理提供有力的技术支撑,能够有效降低非计划停运和事故几率。

(2) 参照红外图谱要认真分析,设备的故障并不仅仅是发热,变压器散热片堵塞、套管缺油等缺陷部位温度低,因此对红外图谱进行分析是要结合设备的实际情况。

(3) 红外测温发现设备缺陷后,继续将强通过多种检测手段对缺陷进行进一步诊断分析能力。对于套管而言,常规介损试验、$10kV - U_m/\sqrt{3}$ 电压下介损试验以及油中溶解气体分析也是诊断套管绝缘性能是否良好的有效手段。

五、检测相关信息

检测用仪器:P30 红外成像仪。

测试温度:25℃;相对湿度 40%。

 **变压器高压侧套管接头发热**

设备类别:110kV 变压器套管
案例名称:红外精确测温检测发现 110kV 变压器套管柱头发热
技术类别:带电检测—红外测温

一、故障经过

110kV 变压器 2007 年 6 月生产,型号为 SFSZ10 - 50000/110。其中 A、B、C 中压侧套管型号为 BRW - 126/630 - 4,均系 2006 年 10 月生产。2016 年 1 月 15 日,检测人员在对该变压器进行精确测温时发现该变压器 110kV 侧 B、C 两相套管柱头温度为17.9℃和 23.2℃,A 相套管柱头温度为 5.4℃,计算相对温差已超过 80%,达到严重缺陷标准。1 月 26 日申请停电消缺,对该主变压器 110kV 侧直流电阻进行测量,测得A、B、C 三相套管的直流电阻,相间差达到为 2.96%,规程标准为不应大于 2%,严重超出标准，属于三相不平衡。

二、检测分析方法

1. 变压器红外精确测温

2016 年 1 月 15 日，在对变电站设备进行红外精确测温时发现变压器 110kV 侧 B、C 两相套管柱头温度为 17.9℃ 和 23.2℃，A 相套管柱头温度为 5.4℃，如图 1 所示，此时变压器高压侧电流 103A，天气情况温度 3℃，湿度 30%。

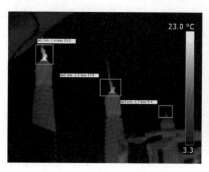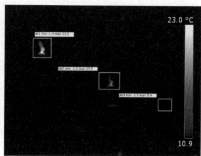

图 1　变压器 110kV 侧套管红外测温

由红外测温图可以发现，套管的柱头发热，C 相相对温差为（23.2－5.4）/（23.2－3）×100%＝84%，根据 DL/T 664－2008《带电设备红外诊断应用规范》，当套管柱头相对温差达到 80% 时即为严重缺陷，应停电进行消缺处理。

2. 变压器停电后直流电阻测试结果（见表 1）

表 1　　　　变压器停电后高压侧直流电阻测试结果（油温 20℃）

分接位置	AO（mΩ）	BO（mΩ）	CO（mΩ）	三相不平衡率（%）
1	395.7	405.6	406.9	2.78
2	388.8	398.5	399.5	2.70
3	382	390.5	392.5	2.70
4	375.4	384.6	385.7	2.70
5	368.7	377.1	378.4	2.59
6	362	370.9	372	2.72
7	355.5	364.1	365.8	2.85
8	348.7	357.1	358.6	2.79
9	340.9	350.3	351.2	2.96
10	348.5	357.1	358.3	2.76

查阅变压器上次试验台账发现高压侧相间最大误差为 0.74%，如表 2 所示（油温 12℃），根据国家电网公司输变电状态检修规程的要求，变压器高压侧直流超过规程要求的 2% 的要求。

表2 　　　　　　　　 变压器高压侧直流电阻测试结果（油温 12℃）

分接位置	AO（mΩ）	BO（mΩ）	CO（mΩ）	三相不平衡率（%）
1	382.1	383.5	384.4	0.60
2	376.5	377.8	378.2	0.45
3	370.2	371.5	372.8	0.70
4	364.1	365.7	366.8	0.74
5	358.6	359.8	360	0.39
6	352.4	353.8	354.7	0.65
7	346.5	347.5	348.6	0.60
8	340.2	341.6	342.7	0.73
9	334.6	335.4	336.6	0.60
10	340.1	341.6	342.3	0.64

三、 隐患处理情况

对隐患设备进行停电处理的过程及解体检查情况。

2016 年 1 月 26 日，按照停电计划，变电检修室检修人员对变压器套管进行检查消缺，检修人员在对套管进行拆除检查时，发现套管接线头螺纹内发黑，存在局部接触不良过热烧蚀痕迹，如图 2 所示，仔细观察可发现接线头尺寸不足，导致接触不良，长久运行，引起发热，这是导致本次红外测温温度异常的主要原因。

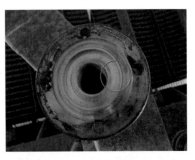

图 2 　变压器 110kV 侧套管拆除
照片及发热点

缺陷消除后检测人员对该变压器高压侧直流电阻进行了重新测试，测试结果如表 3 所示。

表3 　　　　　　　 消缺后的变压器高压侧直流电阻测试结果（油温 10℃）

分接位置	AO（mΩ）	BO（mΩ）	CO（mΩ）	三相不平衡率（%）
1	394.2	395.4	396.6	0.61
2	387.5	388.8	389.8	0.59
3	381.5	382	383.6	0.55
4	374.6	375.9	376.8	0.59
5	367.2	368.9	370	0.76
6	361.1	362.8	363.7	0.72
7	354.1	355.7	356.5	0.68
8	347.2	348.8	349.6	0.69
9	339.2	340.2	340.9	0.50
10	347	348.2	349.5	0.72

缺陷消除后直流电阻达到正常范围之内，符合规程标准，查阅最近例行试验历史数据，符合历次试验规律。确认故障已排除，可以恢复运行。

四、经验体会

（1）加强带电测试工作，红外精确测温能够有效地发现设备过热缺陷，对运行中的设备定期开展红外精确测温是十分有必要的，能够及时发现各种设备电流型致热、电压型致热及电磁性致热等众多过热故障。

（2）本次测试虽然绝对温度不高，但是相对温差已经达到严重缺陷的标准，该缺陷的及时消除对春节不停电打下了坚实的基础。

（3）对该公司生产的同型号变压器套管进行台账查找与红外检测工作，开展隐患排查，加强红外检测等带电检测力度。

五、检测相关信息

检测用仪器：FLIR T630；3391 直流电阻测试仪。

［案例十四］ 变压器高压侧套管将军帽接触电阻过大致发热

设备类别：变压器套管
案例名称：变压器高压侧套管接头红外热成像检测案例
技术类别：带电检测技术

一、故障经过

220kV 变压器型号为 SFSZ10-180000/220，2000 年 1 月投运，2011 年 5 月进行返厂改造。2015 年 8 月 4 日，红外测温发现，变压器高压侧 B 相套管将军帽与引线连接处发热，最高温度 56.3℃，正常相 A、C 相均为 35.4℃。2015 年 11 月 10 日，变压器停电，检测人员进行直流电阻测试未发现异常，检修人员对套管各螺丝紧固情况进行检查发现 B 相接线板有一螺丝稍有松动，随即用力矩扳手进行紧固并检查其他螺丝压接情况。送电后复测，发热情况存在，电气检测人员与检修人员对发热部位进行仔细分析对比，初步判断发热部位应该位于将军帽与线缆头接触处，由于后续跟踪检测未发现缺陷有进一步发展趋势。

2016 年 2 月 26 日，对该变压器高压侧 B 相套管进行检查，发现固定销正反面装反，且将军帽螺纹有 2 丝未拧进去。检修人员纠正定位螺母安装角度，对定位螺母和线缆头进行紧固，然后恢复送电后进行红外复测正常，缺陷消除。

二、检测分析方法

1. 红外测温

2015 年 8 月 4 日，电气检测人员进行红外测温发现，变压器高压侧 B 相套管将军帽与引线连接处发热，最高温度 56.3℃，正常相 A、C 相均为 35.4℃，负荷电流 204A，环境参考体温度 32.2℃，湿度 65%，天气阴，图谱见图 1。

$$\delta = \frac{\tau_1 - \tau_2}{\tau_1} \times 100\% = \frac{T_1 - T_2}{T_1 - T_0} \times 100\%$$

$$= \frac{56.3 - 35.4}{56.3 - 32.2} \times 100\% = 86.7\%$$

依据 DL/T 664—2008《带电设备红外诊断应用规范》附录 A 表 A.1，发热诊断的依据规定是热图像的热点温差不超过 15K，未达到严重缺陷的要求定性为一般缺陷；热点温度>80℃或 $\delta \geqslant$ 80% 定性为严重缺陷；热点温度>110℃或 $\delta \geqslant$ 95% 定性为危急缺陷。因此，此缺陷定性为严重缺陷。

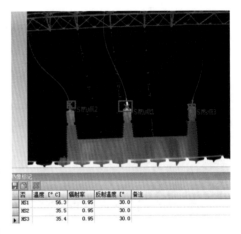

图 1　变压器高压侧套管红外图谱

检测人员随后多次进行复测，检测数据如表 1 所示，未发现缺陷有进一步增长的趋势。

表 1　　　　　　　　　　跟 踪 检 测 数 据

日期	温度（℃）				
	A 相	B 相	C 相	环境温度	电流（A）
8 月 4 日	35.4	56.3	35.4	32.2	204
8 月 10 日	31.3	46.5	31.2	29.4	178
9 月 14 日	25.6	35.3	25.1	25.0	110

2. 停电试验

2015 年 11 月 10 日，变压器停电，检测人员进行直流电阻测试未发现异常，测试数据如表 2 所示。

表 2　　　　　　　变压器高压侧直流电阻测试（1～9 档）

绕组直流电阻高压调压		AO（mΩ）	BO（mΩ）	CO（mΩ）	互差（%）	20℃换算
ABC	1	371.2	371.7	372.5	0.35	0.35
	2	363.7	366.6	365.6	0.80	0.80
	3	359.2	361.2	361.0	0.56	0.56
	4	353.7	356.0	355.5	0.65	0.65
	5	348.3	350.8	350.2	0.72	0.72
	6	343.5	345.6	345.2	0.61	0.61
	7	338.2	340.4	339.9	0.65	0.65

绕组直流电阻高压调压		AO（mΩ）	BO（mΩ）	CO（mΩ）	互差（%）	20℃换算
ABC	8	333.0	335.3	334.7	0.69	0.69
	9	326.9	328.9	327.8	0.61	0.61
结论		合格				

3. 红外复测

2015年11月13日对送电后的变压器红外复测，复测图谱如图2所示，B相套管发热依然存在。

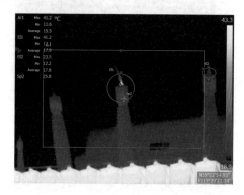

图2 复测图谱

4. 发热缺陷分析

电容式套管接头发热一般可分为外部接头发热故障和内部接头发热故障。外部接头发热可发生在两个部位：①套管接线板与外部引接导线的接线板之间因接触面积不够或加工安装工艺不符合要求（接面加工不平；铜铝不同材料的接头没有经过特殊加工处理直接连接；连接螺栓接触松动；平垫圈过大、垫与垫之间的间隙不够或直接连通形成闭合磁链引起发热）。②将军帽的上部圆柱体与套管接线板上的管型夹件的夹紧螺栓没拧紧或配合不当及加工工艺粗糙引起的。加之外接头装在地处沿海的室外，空气中盐分较高，容易对结构氧化腐蚀形成氧化膜，使接触电阻增大引起发热，同时由于金属本身的导电特性，即温度越高，导电率越低，消耗的电能越多，也引起温度越来越高，如此反复形成恶性循环，如不及时发现处理，最终导致烧断引线造成事故。内部接头发热故障可发生在两个地方：①导电头内螺纹与变压器绕组引线接头的螺纹连接处，如果螺纹连接的公差配合因加工工艺不良或安装不当拧紧后形成螺牙单边接触或导管与变压器绕组接头间的定位螺母或定位圆柱销漏装或因运行振动导致两者之间的结合不紧固引起发热；②引线接头与绕组引线间的压接或焊接工艺不良而引起的过流接面不足或者接触电阻过大，从而发生发热故障。

经查看台账及设计图纸，该台变压器套管为老式套管，即引出线导电杆与将军帽为丝口连接，套管头部示意图如图3所示。这种连接方式极易因导电杆丝口和将军帽之间接触不紧造成发热，近几年此工艺已被生产厂家淘汰。

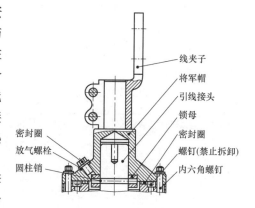

线夹子
将军帽
引线接头
锁母
密封圈
螺钉（禁止拆卸）
内六角螺钉
密封圈
放气螺栓
圆柱销

图3 套管头部示意图

经上次检查处理可排除外部发热故障。分析红外图谱可知,最热点位于将军帽位置,发热故障极有可能由于导电杆丝口和将军帽之间接触不紧造成。正常情况下,由于将军帽内螺母及引线接头的丝口连接接触良好,将军帽的主导电回路为电流通过将军帽的内螺母与引线接头的丝口连接处,不会发热,当因机械或安装因素造成将军帽内螺母与引线接头接触电阻增大时,将产生发热故障。调整后的变压器 B 相套管发热图谱如图 4 所示。

三、 隐患处理情况

2016 年 2 月 26 日,对该变压器高压侧 B 相套管进行停电检查,发现固定销正反面装反,如图 5、图 6 所示,丝口有 2 丝未拧紧。

检修人员对该固定销进行处理,使得将军帽内螺母与固定销接触良好。如图 7 所示。

电气检测人员对套管进行红外复测,未发现异常情况。处理后红外图谱如图 8 所示。

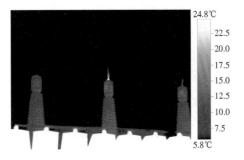

图 4　调整后的变压器 B 相套管发热图谱

图 5　固定销正反面装反

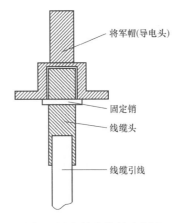

图 6　固定销未拧紧示意图

将军帽(导电头)

固定销

线缆头

线缆引线

图 7　接头处理

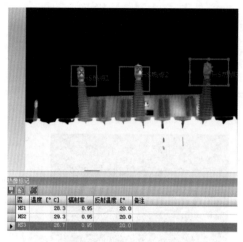

图 8　处理后红外图谱

四、 经验体会

（1）该类套管发热现象已在多个变电站变压器套管出现，已足够说明变压器套管缆线头和将军帽螺母的连接很容易出现问题，究其原因为该类套管结构设计不合理，外加施工工艺不良造成发热故障，因此应加强该类套管的技术监督，有条件逐步进行更换改造。

（2）在重要设备例如变压器套管的红外测温时，不能因为温度相差不大或者常规停电例行试验合格就忽略对其重视，也再次说明了检测人员了解、掌握一次设备结构对带电检测隐患分析、诊断的重要性，应加强一次设备结构的培训。

五、 检测相关信息

检测用仪器：德图 t890 - 2 红外热像仪。

[案例十五]　变压器红外测温发现中压侧引线夹氧化、 积灰致发热

> 设备类别：220kV 变压器套管
> 案例名称：红外测温发现变压器 110kV 套管 B 相接头发热
> 技术类别：带电检测—红外测温

一、 故障经过

某 220kV 变压器型号为 SFPS3 - 120000/220。2015 年 12 月 31 日，检测人员在测温过程中发现变压器中压侧套管 B 相接头处温度达 86.6℃，A、C 两相接头处温度分别为 11、10℃，当时环境温度为 2℃。监控信息显示变压器中压侧 A、B、C 三相负荷电流分别为 410、415、416A，三相额定负荷电流均为 628A，遂进行跟踪测温。在跟踪测温中发现，变压器中压侧套管 B 相接头温度持续攀升，最高达 90℃，A、C 相温度维持 10℃左右不变。检测人员根据 DL/T 664—2008《带电设备红外诊断技术应用导则》，判断此处发热为一般缺陷，并立即汇报工区，决定停电处理。经过检修人员清洗、打磨、去除氧化层、重新紧固接头连接后对导电回路进行直流电阻测量试验合格后，恢复变压器送电后跟踪复测，结果显示变压器中压侧套管 B 相接头温度恢复正常。

该变电站作为重要的电源枢纽，变压器中压侧发生如此严重的发热缺陷，如果发现不及时，导致缺陷进一步恶化，将导致变压器保护动作，构成五级电网事故，后果

不堪设想。

二、 检测分析方法

1. 红外测温发现缺陷

2015 年 12 月 31 日，供电公司检测人员在红外测温中发现变压器中压侧套管 B 相接头温度异常。当时套管 B 相接头温度达 86.6℃，而 A、C 相测温结果分别为 11、10℃，环境温度为 2℃。后台监控信息显示当时变压器中压侧三相有功负荷为 6.9MW，负荷电流为 415A，测温照片如图 1、图 2 所示。

检测人员根据 DL/T 664—2008《带电设备红外诊断技术应用导则》分析此红外测温图像后确定变压器中压侧套管 B 相接头处存在严重发热，于是立即将相关情况详细汇报工区，并持续跟踪测温。

2016 年 1 月 5 日对变压器进行复测，测温结果显示变压器中压侧套管 B 相接头发热加剧，温度持续攀升，一度接近 90℃，图像记录如图 3 所示。

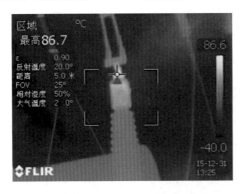

图 1 中压侧套管 B 相接头红外
测温图谱（一）

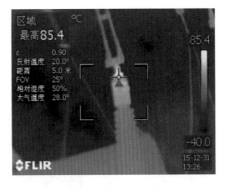

图 2 中压侧套管 B 相接头红外
测温图谱（二）

据此，检测人员工作人员将测量情况汇报工区，并立即安排停电处理。

2. 停电处理

2016 年 1 月 6 日上午，变压器停电检查。中压侧套管 B 相接头线夹过渡面处存在严重的氧化现象，软导线与线夹贴合不紧密，有突起现象。打开线夹发现软导线与线夹接触处存在严重的锈蚀现象。此外，并沟线夹内侧与导线接触处存在较厚的积灰。如图 4 所示。

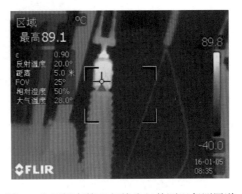

图 3 中压侧套管 B 相接头红外测温复测图谱

图 4　变压器中压侧套管外观

　　检修人员对中压侧套管 B 相接头处进行清洗、打磨、去除氧化层后重新更换线夹，并固定牢固。直流电阻测试试验合格并清理工作现场后，办理工作票终结并送电。送电成功后，检测人员工作人员对变压器中压侧 B 相套管进行了复测，测试结果恢复正常。复测图谱如图 5 所示。

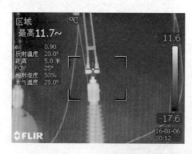

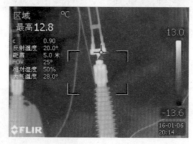

图 5　变压器中压侧 B 相套管复测图谱

三、经验体会

　　该变电站作为重要电源枢纽，对于保证工农业生产、商业活动以及居民正常生活的秩序至关重要。此次检测人员及时发现，并跟踪测温，避免了变压器设备发热持续或加剧造成的变压器停电事故。但事件过后，仍有许多值得我们深入思考和总结的地方：

　　（1）加强带电测试工作，缩短带电测试周期，及时处理带电测试过程中发现问题。发现数据异常后，应加强跟踪监测，第一时间将缺陷情况进行汇报。

　　（2）提早准备缺陷处理预案，提前进行风险预控分析，为消缺工作做足准备。

（3）消缺工作终结后一定要组织将消缺设备复查工作做细做实，确保设备缺陷处理流程闭环。

四、缺陷检测相关信息

检测用仪器：红外测温仪 FLIR T420。

[案例十六]　变压器中压侧套管佛手线夹发热

设备类别：220kV 变压器 110kV 侧套管
案例名称：红外精确测温检测套管接头温度异常典型案例
技术类别：带电检测技术—红外测温

一、故障经过

某 220kV 变电站变压器型号为 SFSZ10 - 180000/220，2006 年 12 月投运。该变压器于 2014 年 3 月因抗短路能力不足返厂大修，2014 年 5 月 31 日恢复送电。

二、检测分析方法

该变压器 2015 年 3 月 23 日进行红外测温精确测试，测试结果无异常。运维人员在异常发现前进行多次例行巡视，均无异常。

2015 年 6 月 28 日，供电公司检测人员在负荷高峰期红外精确测温，发现变压器 110kV 侧三相最高温度分别为 83.4、45.1、47.5℃，其中 A 相套管接线板处温度异常，与 B、C 相最大温差为 38.3℃，判断为危急缺陷。红外测温图谱见图 1～图 3。

图 1　110kV A 相套管红外测温图谱

图 2　110kV B 相套管红外测温图谱

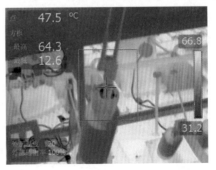

图 3　110kV C 相套管红外测温图谱

三、 隐患处理情况

变压器停电后进行修前测试三相直流电阻，未拆掉佛手前中压侧直流电阻测试数据见表1，由表1可知C相直流电阻明显偏高，经计算直流电阻三相不平衡率为3.4%，超过2%的注意值。

表1   110kV 侧绕组连同佛手直流电阻测试数据

相别	AO（mΩ）	BO（mΩ）	CO（mΩ）	不平衡率（%）
直流电阻	78.54	76.03	75.96	3.4

拆掉佛手后再次进行直流电阻测试，测试数据见表2，数据显示三相直流电阻数据均正常，且不平衡率不超过2%。

表2   110kV 侧绕组直流电阻测试数据

相别	AO（mΩ）	BO（mΩ）	CO（mΩ）	不平衡率（%）
直流电阻	76.01	75.98	75.92	1.18

将佛手拆掉后发现内部与导电铜头接触面有明显放电痕迹，见图4。

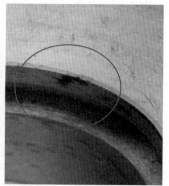

图4   佛手及铜头放电痕迹

经分析佛手与铜头连接处接触不严，容易发生进水现象，长期运行情况下，腐蚀导体，导致接触电阻增大，出现发热缺陷。

四、 经验体会

检修人员经锉削、打磨处理后恢复安装佛手，然后测试直流电阻，三相数据正常、不平衡率符合标准，具体数据见表3。

表3   处理后 110kV 侧绕组连同佛手直流电阻测试数据

相别	AO（mΩ）	BO（mΩ）	CO（mΩ）	不平衡率（%）
直流电阻	76.23	76.10	75.99	0.32

6月30日、7月6日分别对变压器110kV侧套管佛手进行红外测温，测试数据见表4，数据正常。

表4　　　　　　　　　　　110kV侧套管佛手红外测温复测情况（℃）

日期	A	B	C
6月30日	47.6	47.1	47.7
7月6日	49.2	49.3	49.5

五、 整改措施

（1）加强红外测温。利用红外成像仪按周期，特别是负荷高峰期，对设备易发热处进行带电精确测温，可有效发现诸如放电、接触不良等原因引起的发热缺陷。

（2）提高检修人员责任心，在设备验收、试验后恢复的过程中对一些容易引起发热的环节进行重点关注，消除人为原因引起的设备缺陷。

（3）加强带电检测工作。制定带电检测方案，利用带电检测工具，有针对性地进行故障排查，提高故障判断水平。对发现的隐患、缺陷制定行之有效的处理措施，结合停电机会及时消除设备缺陷、隐患。

 变压器低压侧套管佛手缺少压紧螺栓引起发热

设备类别：220kV变压器10kV侧套管
案例名称：红外精确测温检测套管接头温度异常典型案例
技术类别：带电检测—红外测温

一、 故障经过

某110kV变电站2008年8月投运，2015年8月20日，检测人员对其进行红外精确测温发现变压器10kV侧B相套管线夹过热，最高温度超过120℃，与正常相温差超过80℃。

变压器型号为SZ10-50000/110，出厂日期为2008年7月1日，投运日期为2008年8月31日，冷却方式为自然冷却/油浸自冷（ONAN）；套管型号为SZ10-50000/110，投运日期为2008年8月。

二、 检测分析方法

8月20日，检测人员对××变电站进行红外精确测试，18时15分发现变压器低压10kV套管B相接头处存在过热现象，最高点温度123℃，正常相40℃，见图1，变压器低压电流870A。根据DL/T 664—2008《带电设备红外诊断应用规范》判断，属于电流致热型危急缺陷。测试时仅该变压器运行，另一台变压器热备用。

图1　变压器过热点红外图谱与可见光照片

　　经过过热图谱分析，发现最热点位于套管线夹与变压器本体导电杆连接处，见图2，套管线夹与本体导电杆在此部位使用螺栓连接，当螺栓生锈或松动时，套管线夹与本体导电杆之间接触电阻会明显增大，从而导致连接处发热损耗增加。根据DL/T 664—2008《带电设备红外诊断应用规范》判断，发热点温度属于危急缺陷。

　　发热点部位包覆绝缘护套，如果热点温度持续存在，将造成绝缘护套的劣化，甚至融化，造成护套开裂，直接影响10kV套管爬电距离。

　　9月29日，变电检修人员对变压器B相接头处进行检查处理，发现该套管线夹与本体导电杆在此部位仅使用一个螺丝进行固定连接，见图3。检修人员发现连接螺丝松动明显，线夹外部包覆绝缘护套存在熔融现象。结合红外图谱，确定过热缺陷原因为螺丝松动造成套管线夹与本体导电杆接触电阻增大，形成电流致热型危急缺陷，检修人员立即对缺陷进行了处理。

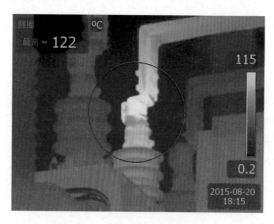

图2　过热点局部特写图谱　　　　　　图3　线夹现场照片

三、隐患处理情况

　　9月30日，检测人员对变压器复测，三相套管线夹温度均为40℃，过热缺陷消失。

四、 经验体会

（1）检修人员在变压器验收、停电检修等工作中应将变压器佛手及线夹螺丝紧固作为检修工作的重点，按照相关规定对固定尺寸的螺丝打力矩，检查是否达标。

（2）红外热成像检测技术能够有效地发现设备过热缺陷，及时对运行设备开展红外精确测温是十分有必要的，能够及时发现设备过热隐患，提高设备运行的可靠性。

（3）进行红外测温时，应携带可获取精确可见光设备，发现设备存在过热缺陷后，根据过热部位结构特点初步判断缺陷类型及发热原因，有助于缺陷严重程度分析、隐患防范等后续工作的顺利开展。

[案例十八] 变压器红外测温发现中压侧套管线夹螺栓锈蚀开裂

设备类型：变压器中压侧 110kV 套管
案例名称：红外测温发现套管将军帽过热
技术类别：带电检测—红外测温

一、 故障经过

某 220kV 变电站变压器型号为 OSFPSZ8 - 120000/220，1993 年 11 月出厂，1994 年 2 月 7 日投运。

2015 年 10 月 19 日，检测人员对该变电站进行带电检测测试过程中发现 220kV 变压器中压侧 B 相套管将军帽过热，2015 年 12 月 17 日检测人员对其进行红外测温复测，发现变压器中压侧 B 相套管将军帽过热缺陷严重。

2016 年 1 月 8 日，检修人员对变压器中压侧 B 相套进行停电检修，解体检修后，发现其发热的原因是将军帽上面的线夹的螺栓生锈导致线夹开裂引起的。

二、 检测分析方法

1. 红外测温分析

2015 年 10 月 19 日，检测人员对该变电站进行带电检测，测试过程中发现变压器中压侧 B 相套管将军帽过热，图谱如表 1 所示，其中 B 相最高温度高达 27.17℃，与 A、C 相的 16.87℃、17.56℃相比较，未超过 DL/T 664—2008《带电设备红外诊断应用规范》关于接头和线夹正常温差 15K 的要求。

表 1   变压器中压侧套管红外测温图谱

相别	红外图谱	缺陷描述
A相		无缺陷
B相		最高温度为 27.07℃
C相		无缺陷

　　2015 年 10 月 19 日，检测人员对该变电站进行红外测温复测，发现变压器中压侧
B 相套管将军帽过热问题严重，图谱如表 2 所示，其中 B 相最高温度高达 63.40℃，与
A、C 相的 40.5℃、38.12℃相比较，最大温差为 25.28K，超过 DL/T 664—2008《带
电设备红外诊断应用规范》关于接头和线夹正常温差 15K 的要求。

表 2   变压器中压侧套管红外复测图谱

相别	红外图谱	缺陷描述
A 相	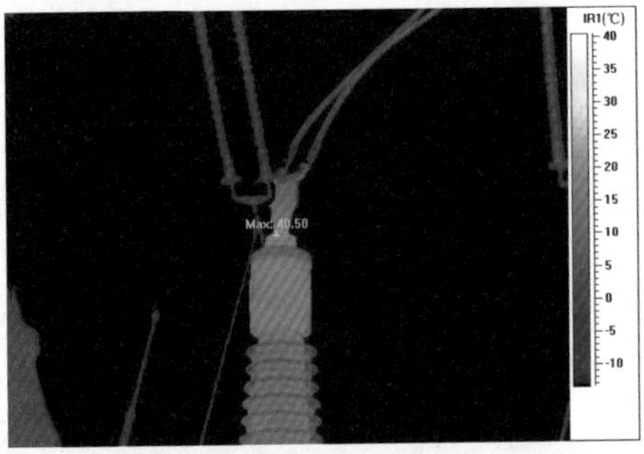	最高温度为 40.50℃
B 相	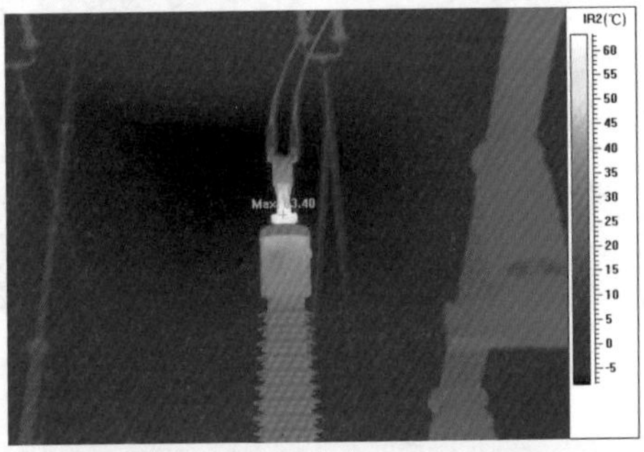	最高温度为 63.40℃
C 相	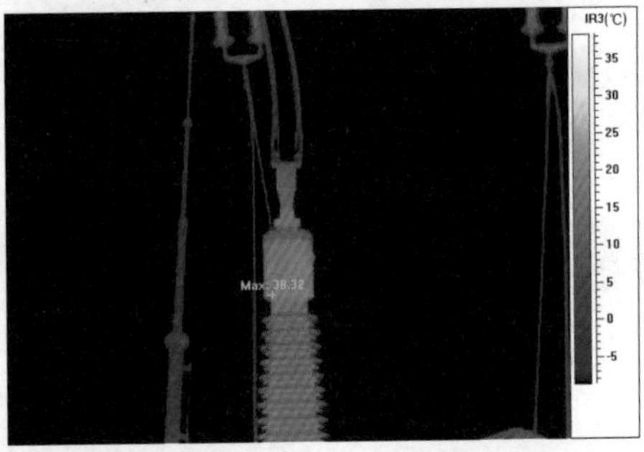	最高温度为 38.12℃

2. 绝缘电阻测试

停电后，对中压侧绕组连同套管进行绝缘电阻测试，测试结果为100000MΩ，符合规程要求。

3. 电容量和介损测试

对中压侧绕组连同套管进行电容量和介损测试，测试结果为如表 3 所示，B 相与 A、C 相相比较，无异常，符合规程要求。

109

表3	中压侧绕组连同套管进行绝缘电容及介损		
相别	A	B	C
介损（%）	0.273	0.264	0.269
电容量（pF）	290.6	295.7	289.0

三、 隐患处理情况

2016年1月8日，停电后，检修人员将缺陷相套管解体检查，发现套管将军帽上面的线夹螺栓生锈，锈迹清晰可见，如图1、图2所示。

图1 套管将军帽上面的线夹螺栓生锈

图2 套管将军帽上面的线夹螺栓生锈开裂

检修人员用砂纸打磨了生锈的螺栓和线夹螺栓后，送电后，检测人员对B相套管再次进行红外测温，结果显示，其红外图谱恢复正常，其红外图谱如图3所示。

四、 经验体会

（1）带电检测可及时发现设备绝缘老化过热等故障。应严格按照规程规定开展相关带电检测工作，如发现避雷器异常，应根据实际情况酌情缩短避雷器检测周期，并综合红外测温、阻性电流测试结果进行综合判断。

（2）红外测温作为一种能够判断带电设备运行状况的有效检测方法，可有效指导设备检修工作，也可在重要负荷线路、重载负荷设备、关键枢纽设备的保电和巡视检查工作中，发挥重要作用。

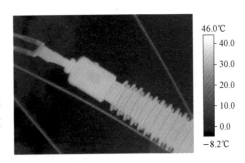

图 3　处理后变压器中压侧 B 相套管红外图谱

五、检测相关信息

检测用仪器：FLIR P30 红外测温仪。

[案例十九]　变压器本体内部引线连接螺栓松动引起套管升高座发热

设备类别：110kV 变压器 6kV 侧套管升高座
案例名称：110kV 变压器 6kV 侧套管升高座红外检测案例
技术类别：带电检测—红外测温

一、故障经过

某 110kV 变电站变压器 1994 年 4 月投运，型号为 SFS10 - 75000/110。2015 年 10 月 9 日，检测人员在对变电站进行精确红外测温时发现 110kV 变压器 6kV 侧套管升高座处温差异常。供电公司立即组织相关人员对存在异常的变压器进行跟踪对比分析，通过油中溶解气体色谱分析判断变压器存在低温过热故障，带电检测红外测温检测发现变压器 6kV 侧套管升高座处存在温度异常。经公司运检部门批准，将变压器停电检查，发现 6kV 套管与本体绕组连接有松动现象。更换螺栓和紧固处理，并对变压器进行电气试验、油化试验及变压器局部放电试验合格后，恢复送电。

二、检测分析方法

1. 变压器油中溶解气体色谱分析

2014 年 9 月 23 日，按照国家电网公司《电力设备交接和预防性试验规程》对变压器进行油中溶解气体色谱分析例行试验时发现总烃超过规程中规定的注意值，此后隔三天对其进行复测，2014 年 9 月 26 日和 9 月 29 日复测的两次分析结果与 2014 年 9 月 23 日分析数据基本一致，气体增长缓慢，因此决定对其分析周期由每年一次缩短至半年一次，分析结果如表 1 所示。

根据故障判断的三比值法，分析 2015 年 10 月 8 日数据

$$\frac{V_{C_2H_2}}{V_{C_2H_4}} = 0$$

$$\frac{V_{CH_4}}{V_{H_2}} = \frac{137.05}{59.93} = 2.3$$

$$\frac{V_{C_2H_4}}{V_{C_2H_6}} = \frac{21.68}{34.17} = 0.63$$

三比值编码为020，可以判定该设备内部存在低温过热故障。

表1　　　　　　　　　　变压器绝缘油中溶解气体色谱分析结果

分析日期	氢H_2 ($\mu L/L$)	氧O_2 ($\mu L/L$)	一氧化碳 CO ($\mu L/L$)	二氧化碳 CO_2 ($\mu L/L$)	甲烷 CH_4 ($\mu L/L$)	乙烯 C_2H_4 ($\mu L/L$)	乙烷 C_2H_6 ($\mu L/L$)	乙炔 C_2H_2 ($\mu L/L$)	烃总和 C_1+C_2 ($\mu L/L$)	微水 (mg/L)
2014.9.23	23.87	—	1842	10070	113.1	18.80	28.89	0	160.8	17.7
2014.9.26	24.01	—	1834	10092	112.81	19.21	29.01	0	161.0	17.6
2014.9.29	23.92	—	1841	10086	113.03	18.90	28.91	0	160.8	17.4
2015.4.21	43.53	—	2640	10736	116.15	23.83	33.57	0	173.6	18.5
2015.10.8	59.93	—	2640	10917	137.05	21.68	34.17	0	192.9	18.8

2. 红外测温检测

2015年10月9日对变电站设备进行精确红外测温专项检测工作时，发现变压器110kV侧套管异常发热，热点温度最高103℃，并于10月10日进行了复测，热点温度最高108℃，如图1、图2所示。因6kV侧变压器连接另一端为发电设备，一次电流较大（约为4500A），对设备连接要求较高，更易产生温度异常情况，且根据红外测温图像发热位置显示，初步判断6kV套管升高座处存在异常，需停电进行检查。

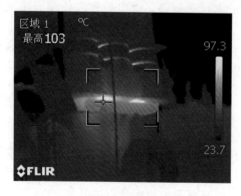 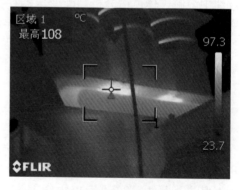

图1　变压器6kV侧套管10月9日　　　　　图2　变压器6kV侧套管10月10日
　　　　红外图谱　　　　　　　　　　　　　　　红外图谱

3. 故障检查情况分析

2015 年 10 月 19 日，经运维检修部批准将变压器停电检查，重点检查 6kV 套管升高座内部情况，遂对变压器进行部分放油处理，打开 6kV 套管升高座观察窗，发现套管与绕组连接部分存在松动，且连接螺栓不满足设备使用要求，如图 3 所示。

图 3　套管与绕组连接部分松动情况

在安装过程中本应使用 16mm 螺栓进行连接，却只使用了 12mm 的螺栓，经大、小垫片匹配后才实现连接，但垫片在长期的运行过程中逐渐发生变形（如图 4 所示），螺栓出现松动，从而导致套管升高座温度异常。

三、　隐患处理情况

现场对所有 6kV 套管与绕组的连接螺栓进行更换，并完成套管交接试验及变压器局部放电试验，试验结果表明设备无异常。11 月 3 日对变压器开展故障处理后的红外精确测温，结果温度分布正常，故障消失。

图 4　连接螺栓垫片变形情况

四、　经验体会

（1）应加强变电站设备在安装调试阶段的过程管控，在现场实践经验的基础上，制定可行有效、客观可控的措施，对安装工艺、安装质量和试验过程进行全面检查和验收，避免因安装阶段工艺质量的监督缺失，从而对设备的安全运行留下的隐患。

（2）探索和实践通过多种检测手段对运行设备进行有效的故障诊断和定位的方法，在发现变压器油中溶解气体色谱分析数据异常时，应结合异常情况，使用红外测温、局部放电试验、介损测量等带电检测手段来判断设备故障情况。

（3）红外测温作为一种能够判断带电设备运行状况的有效检测方法，可有效地指导设备检修工作，也可在重要负荷线路、重载负荷设备、关键枢纽设备的保电和巡视检查工作中，发挥重要作用。

五、　检测相关信息

检测用仪器：德国阿积玛 FLIR 红外热像仪。

［案例二十］ 变压器红外测温发现套管注油塞松动漏油

设备类别：220kV变电站变压器附件
案例名称：220kV变压器220kV侧A相套管内部渗油处理
技术类别：带电检测—红外测温

一、 故障经过

2015年7月，检测人员在精确测温中，发现110kV变电站变压器高压套管顶部温度三相不平衡，经连续几天跟踪测量，A相温度一直偏低，依据DL/T664—2008《带电设备红外诊断应用规范》，初步判断是A相高压侧套管缺油导致。对A相套管进行外观检查无渗漏油现象，但是油位计无油位指示，综合分析套管缺油的原因可能是套管的下半部存在漏油，为防止套管缺油引起的套管放电故障，计划安排停电检查。

变压器型号为SFS7-40000/110；1994年9月生产，1994年11月29日投运。变压器高压套管型号为BRLW-3；出厂日期1994年3月；投运日期1994年11月。

9月9日变压器停电，对A相套管进行全面检查。测量油位在油箱的底部位置；油样分析合格，无放电和受潮迹象；对套管进行吊检，发现套管底部的注油塞松动发生漏油，每25分钟约1滴。现场对放气塞进行紧固，将油位补充到合格位置后，再对套管进行全面的检查试验。套管整体无渗漏；套管试验合格。对套管复装后，直流电阻测试合格，恢复运行后，套管运行正常，经跟踪测温，三相温度基本一致，缺陷消除。

二、 检测分析方法

2015年7月，带电检测人员在精确测温中，发现110kV变压器高压套管顶部温度三相不平衡，A相温度为27.9℃，B相温度为30.7℃，C相温度为30.1℃，A相较其他两相低2.8K，经连续几天跟踪测量，A相温度一直偏低，依据DL/T 664—2008《带电设备红外诊断应用规范》，初步判断是A相高压侧套管缺油导致。图谱见图1。

对A相套管进行外观检查，无渗漏油现象，但是油位计无油位指示，综合分析套管缺油的原因可能是套管的下半部存在漏油所致，为防止套管缺油引起的套管放电故障，计划安排停电检查。

9月9日变压器停电，对A相套管进行全面检查。测量油位在距油箱顶部30cm处，即在油箱的底部位置，电容芯子仍然浸在油中。对套管内的油样进行分析，各项指标合格，测试套管主绝缘和末屏绝缘均合格，表明套管内部无受潮和放电现象，数据见表1。对套管进行吊检，发现套管底部的注油塞松动发生漏油，每25分钟约1滴，见图2。

114

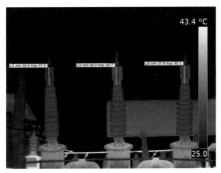

天气：多云；温度：24℃；湿度：40%

图 1　A 相图谱　　　　　　　　　　图 2　注油塞松动漏油照片

表 1　　　　　　　　　　　　A 相套管绝缘电阻试验（26℃）

日期	2015 年 9 月 9 日
主屏绝缘（MΩ）	87000
末绝缘（MΩ）	3500

套管绝缘油溶解气体分析

相别	氢 H_2 （μL/L）	一氧化碳 CO （μL/L）	二氧化碳 CO_2 （μL/L）	甲烷 CH_4 （μL/L）	乙烯 C_2H_4 （μL/L）	乙烷 C_2H_6 （μL/L）	乙炔 C_2H_2 （μL/L）	烃总和 C_1+C_2 （μL/L）	微水 （mg/L）
A	19	472	961	24	2.1	8.2	0	34.3	7.9
结论	合格								

三、隐患处理情况

　　现场对注油塞进行了紧固。将油位补充到合格位置。对套管进行全面的检查试验，套管整体无渗漏。按要求进行套管试验，结果合格，套管复装后，对变压器进行直流电阻测试，结果合格，数据见表 2。

表 2　　　　　　　　　　　　A 相套管绝缘电阻试验

站名	××变电站	位置		编号		940002
型号	SFS7 - 40000/110	相数		3	容量（kVA）	40000
电压（kV）	110	接线方式			湿度（%）	50
出厂日期	1994 年	气温		12℃	油温（℃）	26
制造厂		试验日期		2015 年 9 月 9 日		
测量 tanδ （%）	套管	A	B	C		
	tanδ	0.61	0.64	0.65		
	pF	266.8	265	267.6		
	使用仪器及编号			AI - 6000E		

115

直流电阻测量（Ω）	调头	AO	BO	CO	%
	4	0.4777	0.4789	0.475	0.92
	使用仪器及编号				BZC3391
试验结论	合格				

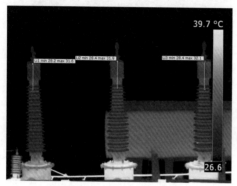

图 3　投运后跟踪测温图谱

恢复运行后，套管运行正常，经跟踪测温，三相温度基本一致，图谱见图 3，套管漏油缺陷已消除。由于发现和处理及时，成功地避免了套管事故的发生。

四、经验体会

（1）套管是变压器的重要组件，其工作的好坏，直接影响到变压器的安全运行，因此在日常的运行维护工作中，对套管的维护和检修应严格按规程要求进行，不应被忽略，特别要结合变压器大修和返厂的有利时机，对套管进行全面检修，发现问题彻底处理。

（2）经统计，1995 年以前生产的电容式套管，结构较为复杂，密封点较多，在运行中极易发生漏油和进水，现已淘汰，因此建议结合变压器大修和返厂，对该型套管进行更换。

（3）带电检测工作是发现设备隐患的重要手段，应持续开展。同时做好总结提炼，为设备今后的运行维护提供依据。

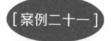 **变压器红外测温发现高压侧套管油枕缺油**

设备类别：220kV 变电站变压器附件

案例名称：220kV 变电站变压器 220kV 侧 A 相套管内部渗油处理

技术类别：带电检测—红外测温

一、故障经过

2015 年 8 月 20 日，变电运维人员反映 220kV 变电站变压器高压侧 A 相套管油位观察窗显示油位不清，变电检修人员向巡视人员了解到 A 相套管外部及周围无明显渗油痕迹，初步分析可能是套管内部出现漏点，套管内油流入变压器本体。经查询台账资料，该变压器高、中压套管及中性点套管均为 2006 年投运，同批次产品之前在其他省电力公司出现过产品事故，变电检修人员采取果断措施，当天赶赴变电站进行隐患排查。

2015 年 8 月 21 日晚 20 时，对变压器 220kV 侧套管进行红外测温，发现 A 相将军帽处温度比 B 相略低，可能与 A 相油位降低有关，套管瓷群温度正常，B、C 相温度正常。随后进行介损试验，首先进行常规介损试验，与上次例行试验数值对比发现 A 相介损明显增大，初值差已达到 127％，电容量也有明显增长，初值差已达到＋6.24％；B、C 相与历史数据相比无明显异常变化。接着又进行高压介损试验，发现 A 相套管高压介损随着加试电压的升高有明显增长趋势，B、C 两相无明显增长趋势。由此判定变压器高压侧 A 相套管已不适合继续运行。为防止后续此类套管出现问题，变电检修人员采取果断措施，联系相关厂家对本台变压器的 8 支套管进行更换。

2015 年 8 月 30 日 9 时履行开工手续进行套管更换工作，8 月 30 日 17 时完成更换工作，8 月 31 日进行变压器常规试验，试验合格。9 月 1 日，对更换后的套管进行耐压及局部放电试验，试验合格，变压器遂于 9 月 2 日 9 时送电运行。

二、检测分析方法

1. 红外测温

2015 年 8 月 21 日晚 20 时，对 220kV 变电站进行红外测温，具体测试情况如下。

对变压器 220kV 侧套管进行红外测温，发现 A 相将军帽处温度比 B 相略低，可能与 A 相油位降低有关，套管瓷群温度正常，B、C 相温度正常，C 相将军帽处由于相色红漆脱落而使发射率改变，呈现低温区，非真实温度。红外测温图像如图 1～图 5 所示。

图 1　变压器 220kV 侧套管 A、B 相红外测温图像（左为 A 相，右为 B 相）

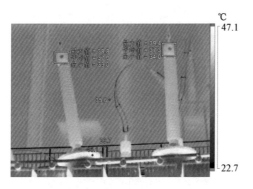

图 2　变压器 220kV 侧套管 A、B 相红外测温图像（左为 A 相，右为 B 相）

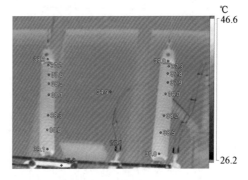

图 3　变压器 220kV 侧套管 A、B 相红外测温图像（左为 A 相，右为 B 相）

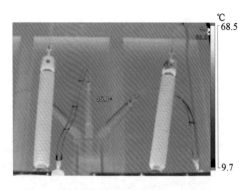

图 4　变压器 220kV 侧套管 B、C 相红外
测温图像（左为 B 相，右为 C 相）

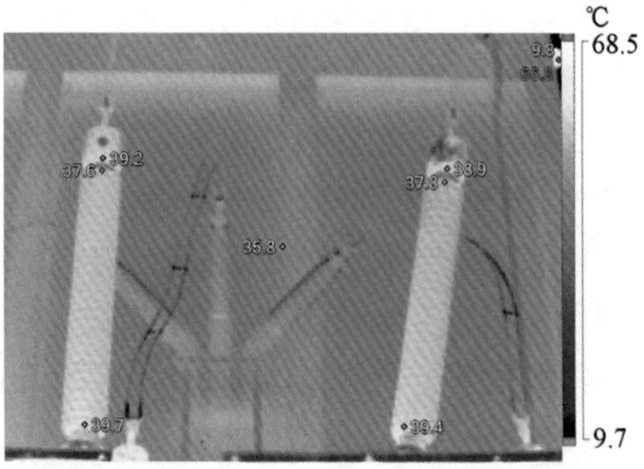

图 5　变压器 220kV 侧套管 B、C 相红外
测温图像（左为 B 相，右为 C 相）

2. 介损及电容量分析试验（见表 1）

表 1　　　　　　　　　　　　介损及电容量分析试验数据

××供电公司			套管试验报告		变电站		××	
					安装位置		变压器 220kV 侧	
					试验时间		2015 年 8 月 22 日	
铭牌					温度：32 ℃		湿度：40 ％	
序号	型式	制造号	制造厂	出厂日期	额定电压（kV）	额定电流（A）	电容量（pF）	相别
1	COT1050 - 800	050257	××	2005 年 11 月	252	800	378	A
2	COT1050 - 800	050256	××	2005 年 11 月	252	800	377	B
3	COT1050 - 800	050428	××	2005 年 11 月	252	800	381	C

1. 绝缘电阻测量

相别	A	B	C
极间（MΩ）	10000＋	10000＋	10000＋
小套管对地（MΩ）	10000＋	10000＋	10000＋

2. 常规 CX 及 $\tan\delta$（％）测量

相别	CX（pF）			实测 $\tan\delta$（％）		
	历史值	本次值	误差	历史值	本次值	误差
A	380.1	403.8	6.24％	0.37	0.84	127.0％
B	377.7	376.1	0.42％	0.39	0.37	5.1％
C	383.0	381.2	0.47％	0.42	0.41	2.4％

3. 高压 CX 及 $\tan\delta$（％）测量

220 侧 A 相			220 侧 B 相			220 侧 C 相		
电压（kV）	电容量（pF）	介损（％）	电压（kV）	电容量（pF）	介损（％）	电压（kV）	电容量（pF）	介损（％）
9.9	402.9	0.781	9.9	376.3	0.298	10.9	381.0	0.305
19.6	402.8	0.803	19	376.2	0.299	19.8	380.9	0.304
28.1	402.8	0.807	26	376.2	0.299	24.2	380.9	0.303
结论：套管 A 相介质损耗超出规程要求，电容量初值差超出±5％，A 相不合格，B、C 相合格								

118

三、 隐患处理情况

(1) 8 月 30 日 9：00 履行开工手续进行套管更换工作，将变压器本体油位降至钟罩大盖下约 10cm 处，吊出需更换的套管，安装 TOB（2）550 - 1250 - 4 - 0.4 型号的油浸纸电容式变压器套管，8 月 30 日 17：00 完成所有更换工作。

(2) 8 月 31 日进行变压器常规试验，试验合格。

(3) 9 月 1 日，对更换后的套管进行耐压及局部放电试验，试验合格。

(4) 变压器于 9 月 2 日 9：00 送电运行。

四、 经验体会

(1) 本次隐患的发现始于套管油位不清晰，若检修人员不慎重分析、综合考虑，很有可能会将其定性为普通的油标玻璃罩脏污，而忽略了这一重大隐患，若该变压器继续运行，极有可能发生套管炸裂事故。因此，对于巡视检修过程中遇到的任何小问题，都要本着不放过的态度进行认真分析，及时发现、消除隐患。

(2) 虽然只是 A 相套管出现问题，但本次更换 8 支套管也是为了防止该类型套管再次发生类似隐患，此次隐患消除后变电检修室梳理此类产品，对此类在运产品进行严密监控，并提报改造计划，逐步将此厂家产品更换退出运行。

五、 检测相关信息

检测用仪器：FLUKE 红外热像仪、HV9001 介质损耗测试仪、HV9003 高压介损测试仪、DM50B 绝缘电阻表。

 **变压器红外测温发现高压侧套管内部严重渗油**

设备类别：220kV 变电站变压器附件
案例名称：220kV 变电站变压器 220kV 侧 A 相套管内部渗油处理
技术类别：带电检测—红外测温

220kV 变电站变压器型号为 SFPS3 - 120000/220，1980 年 10 月生产，1980 年 12 月 20 日投运。高压 A 相套管型号为 BRDLW - 600/220；出厂日期 1980 年。

一、 故障经过

2011 年 11 月 18 日，在对变电站进行红外测温普检时发现变压器 A 相高压套管温差异常，上部与下部温差有 4.7K，怀疑 A 相高压套管缺油。2011 年 11 月 20 日，变压器停电，对该只套管进行全面检查，发现缺油，补油 10kg 后，对套管试验合格，投运后运行正常，复测温度合格。

二、检测分析方法

2011 年 11 月 18 日，在对变电站进行红外测温普检时发现变压器 A 相高压套管温差异常，高压套管上部与下部温差有 4.7℃，红外热像图谱如图 1 所示。对其进行分析后得到图 2 所示照片，比较图 1 和图 2 后怀疑 A 相高压套管缺油。

根据 DL/T 664—2008《带电设备红外诊断应用规范》，为典型的套管缺油缺陷。检查该套管油位时，发现由于该变压器投运时间较长，油位计视窗模糊不清，无法确定油位的实际位置，决定将变压器停电进一步检查。

图 1　变压器高压套管红外热像图谱　　图 2　变压器高压套管红外热像图谱分析图

三、隐患处理情况

2011 年 11 月 20 日，变压器停电。检修人员对高压侧套管油位计表面擦拭干净，油位计内无指示，考虑到该变压器即将退运，没有对套管的漏点进一步检查，便重新注入合格的变压器油约 10kg，油位正常，进行套管的绝缘电阻测量、介质损耗及电容量测量，试验合格，测量结果如表 1 所示。

表 1　　　　　　　　　　　　处理后的变压器高压侧套管数据

项目	A	B	C	备注
绝缘电阻（MΩ）	10000	10000	10000	
介质损耗 tanδ（%）	0.35	0.32	0.33	
电容量（pF）	448.6	442.5	445.4	
使用仪器	HV-9000、ZP1153			

在恢复变压器送电后，定期进行红外跟踪监测，未见异常。红外检测图谱如图 3 所示。

四、经验体会

（1）带电检测能够有效发现设备存在的潜在缺陷，全面掌控设备的运行状态，对保证设备安全可靠运行具有十分重要的作用。

图 3　处理后的变压器高压套管红外热像图谱

（2）经统计，1995 年以前生产的电容式套管，结构较为复杂，密封点较多，在运行中极易发生漏油和进水引发事故，现已淘汰，因此建议结合变压器大修和返厂，对该型套管进行更换。

第四章 变压器局部放电检测异常典型案例

[案例一] 变压器高频、超声波局部放电检测发现内部伸缩铜片折损

设备类别：220kV 变压器
案例名称：220kV 变电站变压器高频、超声波局部放电检测
技术类别：变压器高频局部放电测试

一、故障经过

某 220kV 变电站变压器 2008 年 6 月出厂，2008 年 10 月 7 日正式投入运行，设备型号为 SFSZ10 - 180000/220。2015 年 5 月 21 日，检测人员在对变压器进行专业巡检过程中发现变压器有轻微断续异音，随后对变压器开展全面诊断检测，包括高频局部放电测试、铁芯电流测试、色谱分析等。高频局部放电测试发现 A 相信号异常；色谱分析中出现乙炔成分，氢气、总烃含量也大幅增加；测试变压器铁芯接地电流正常，排除了铁芯多点接地的可能性。7 月 15 日进行变压器油色谱跟踪试验时发现乙炔成分含量较 2015 年 5 月试验数据增多，氢气、甲烷、总烃含量也有增大趋势。经供电公司运检部门同意后对变压器进行停电诊断性试验，结果显示变压器变形试验正常，低压侧 A 相绕组直流电阻明显偏大。综合上述各类试验数据及测试情况，初步判断变压器低压侧 A 相绕组内部接触不良，存在异常放电现象，导致直流电阻偏大，氢气、乙炔及总烃含量持续增加。为了尽快消除缺陷，避免变压器事故发生，决定对其开展返厂大修工作。变压器返厂吊罩解体后，发现低压绕组引出铜排与低压套管下部接线板之间的伸缩节铜片存在严重弯折现象，弯折处还存在部分轻微断裂，最后通过更换与变压器低压绕组引出铜排相连的伸缩节，彻底消除了变压器内部放电的隐患。

二、检测分析方法

1. 变压器高频局部放电测试

2015 年 5 月 21 日，检测人员对变压器进行高频局部放电测试显示检测数据异常，在使用超声波进行定位过程中发现 A 相套管下方本体附近超声波信号异常，如表 1 及表 2 所示，初步判断 A 相套管附近存在异常放电现象。

表 1	高频局部放电测试背景波形
高频局部放电检测	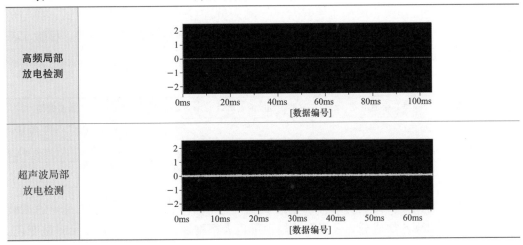
超声波局部放电检测	

表 2	高频局部放电测试波形
高频局部放电检测	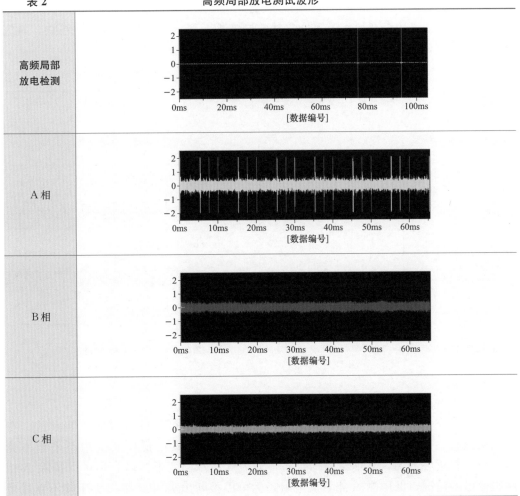
A 相	
B 相	
C 相	

2. 铁芯接地电流测试

为了排查变压器铁芯接地是否异常，检测人员进行了铁芯接地电流测试，并与历年数据比较，如表3所示，测试结果显示接地电流正常且无明显变化趋势，排除了铁芯多点接地造成环流导致变压器内部发热的情况。

表3 变压器铁芯接地电流测试数据

设备/项目	铁芯接地电流（mA）	夹件接地电流（mA）	结论	检测时间
220kV 变压器	1.3	1.1	合格	2014年3月12日
	1.5	1.4	合格	2015年7月20日

3. 油色谱分析

检测人员对该变压器进行双样油色谱试验，与最近一次的（2014年8月）的试验数据相比较，出现乙炔成分，氢气、总烃含量也大幅增加，其他气体成分无明显变化。2015年7月15日对该变压器进行跟踪测试时，发现乙炔、总烃含量有增长趋势，如表4所示。当变压器发生内部放电故障时，较易产生乙炔、甲烷及氢气等特征气体；放电量较大时，乙炔、甲烷及氢气等组分含量急剧增加。变压器油色谱数据中乙炔、氢气含量增长明显，应属内部放电而产生的特征气体。

表4 变压器油色谱分析数据

气体组分	氢气	一氧化碳	二氧化碳	甲烷	乙烯	乙烷	乙炔	总烃	日期
单样（μL/L）	81.6	250	2061	10.62	9.37	9.93	0	29.92	2014年8月26日
样一（μL/L）	101.3	308	2131	47.01	9.46	11.84	0.34	68.65	2015年5月21日
样二（μL/L）	98.6	312	2164	43.20	9.18	11.76	0.39	64.53	2015年5月21日
样一（μL/L）	117.8	338	2176	50.18	9.14	13.01	0.48	72.81	2015年7月15日
样二（μL/L）	120.0	340	2195	52.63	10.1	12.03	0.51	75.27	2015年7月15日

4. 诊断性试验

2015年8月25日对该变压器进行诊断性试验，项目包括直流电阻、电压比、本体介质损耗、本体泄漏、绝缘电阻及绕组变形试验，其中低压侧绕组不平衡率为0.86%，接近临界值，其他试验均合格，如表5所示。变形试验合格可以排除A相绕组变形的情况，低压侧A相直流电阻超标可以推断出A相绕组接头压接不良或者绕组损伤。

表 5　　　　　　　　　　变压器低压侧直流电阻测试数据

绕组	实测值			
	ab（Ω）	bc（Ω）	ca（Ω）	不平衡率（%）
低压	0.04328	0.02325	0.04126	0.86

综合上述各类试验数据，初步判断变压器低压侧 A 相绕组接头压接不良或者绕组损伤，导致直流电阻偏大，氢气、乙炔及总烃含量增加。

5. 变压器绕组解体检查

2015 年 9 月 18 日，在变压器返厂吊罩后，检修技术人员及变压器厂家人员对变压器绕组及其内部引线进行了细致的检查，发现低压侧 A 相绕组引出铜排与低压套管下部接线板之间起连接作用的伸缩节铜片出现了严重弯折的现象，弯折处还存在部分轻微断裂，该处弯折出现的边缘有毛刺及突出尖端，在变压器运行时引起内部轻微放电现象，如图 1 所示。

三、 隐患处理

掌握了变压器内部放电原因后，同时结合低压绕组抗短路能力不足的缺陷，工作人员对变压器低压侧绕组及其引出线伸缩节进行了整体更换，为保证伸缩节不再出现严重弯折现象的发生，工作人员同时对该伸缩节采取了包绝缘处理，先将伸缩节铜片收拢，使用三木皱纹纸包绝缘 1mm，用涤纶收缩带收紧包扎，再将瓦楞纸板裁剪到合适尺寸，分别将三相伸缩节包裹，纸板外层使用三木纸收紧缠绕，最外层用涤纶收缩带收紧包扎，更换处理后的低压绕组引出线伸缩节如图 2 所示。

图 1　变压器低压绕组 A 相变形图　　图 2　更换处理后的低压绕组引出线伸缩节

2015 年 10 月 22 日，变压器返厂大修完回位安装后重新注油，检测人员对其再次进行修后试验，试验数据均全部合格，变压器局部放电试验结果正常，其中消缺后变压器低压侧直流电阻测试数据如表 6 所示，消缺后变压器油色谱分析数据如表 7 所示。

表 6　　　　　　　　　　消缺后变压器低压侧直流电阻测试数据

绕组	实测值			
	ab（Ω）	bc（Ω）	ca（Ω）	不平衡率（%）
低压	0.02189	0.02187	0.02195	0.37

表 7 消缺后变压器油色谱分析数据

气体组分	氢气	一氧化碳	二氧化碳	甲烷	乙烯	乙烷	乙炔	总烃
样一（μL/L）	6.42	26.1	292.63	5.2	2	5.5	0	12.7

四、经验体会

（1）定期开展变压器专项带电检测工作，不但能够及时检测设备运行状况，而且可以在故障诊断中初步确定故障范围，为下一步的工作开展提供依据；

（2）高频在线局部放电测试可以有效地反映变压器运行状态，尤其对变压器内部存在的放电现象具有较高的灵敏性；

（3）变压器内部零件应做好足够的绝缘处理措施，防止因个别零件质量原因或绝缘处理不足导致变压器内部发生严重放电等重大事故的发生。

五、检测相关信息

试验仪器：中分油色谱分析仪；FLIR 红外热像仪；TP500A 变压器局部放电测试仪；变压器直流电阻测试仪。

 变压器超声波局部放电检测内部悬浮放电

设备类别：220kV 变压器
案例名称：220kV 变电站变压器高频、超声波局部放电检测
技术类别：变压器高频局部放电测试

一、故障经过

2014 年 7 月 2 日，检测人员对某变压器油样进行色谱分析时首次发现油样中存在乙炔气体，含量 2.1μL/L，随后检测人员对该变压器进行油色谱跟踪检测。跟踪检测过程中发现乙炔气体含量呈缓慢增长趋势。2015 年 12 月 18 日，乙炔含量出现明显增加，含量达 21.8μL/L，远远超出注意值 5μL/L 。发现问题后，供电公司联合多个单位进行了 4 次变压器局部放电测试，在变压器 C 相高压引线和有载开关部位处发现疑似超声局部放电信号，判断变压器 C 相高压引线可能存在放电情况。检测人员连续对变压器油中气体含量进行测试，未发现乙炔及其他气体含量明显变化。

变压器型号为 SFPSZ9－150000/220，容量为 150000kVA，出厂日期 2000 年 9 月，投运日期 2000 年 11 月，变压器投运前局部放电、耐压试验后油色谱数据合格。

二、检测分析方法

1. 油色谱分析

2014 年 7 月 2 日，检测人员对该变压器油样进行色谱分析时首次发现油样中存在

乙炔气体，含量 $2.1\mu L/L$，随后检测人员对该变压器进行油色谱跟踪检测。跟踪检测过程中发现乙炔气体含量呈缓慢增长趋势。2015 年 12 月 18 日，乙炔含量出现明显增加，含量达 $21.8\mu L/L$，远远超出注意值 $5\mu L/L$。2016 年 2 月以后，乙炔气体含量达到 $28\mu L/L$，不再增加，历次检测数据见表1。

表1　　　　　　　　　　变压器油色谱跟踪检测数据（$\mu L/L$）

试验日期	氢气	甲烷	乙烯	乙烷	乙炔	总烃	一氧化碳	二氧化碳
2014 年 7 月 2 日	37	5.4	3.1	0.81	2.1	11.4	118	477
2014 年 8 月 7 日	41	6.0	3.3	0.87	10	20.17	120	482
2014 年 8 月 21 日	47	6.2	3.6	0.87	11	21.67	122	455
2014 年 9 月 3 日	50	6.2	3.3	0.78	11	21.28	121	455
2014 年 12 月 4 日	53	6.1	3.5	0.84	12	22.44	130	470
2015 年 6 月 10 日	60	7.0	3.8	0.91	14	25.71	140	463
2015 年 12 月 18 日	97	10.8	6.8	1.02	21.8	40.42	161	433
2016 年 1 月 20 日	105	12	8.0	1.4	24	45	172	488
2016 年 2 月 15 日	109	13	9.4	1.5	26	50	179	559
2016 年 2 月 17 日	107	13	9.3	1.5	26	50	176	558
2016 年 3 月 11 日	109	13	9.7	1.7	27	52	178	597
2016 年 3 月 23 日	104	13	9.8	1.7	27	52	174	588
2016 年 3 月 29 日	104	13	9.8	1.7	27	52	173	600
2016 年 4 月 26 日	109	13	9.5	1.6	28	52	179	583
2016 年 5 月 19 日	106	13	9.6	1.6	28	52	177	585
2016 年 6 月 21 日	105	13	9.8	1.7	27	52	176	605
2016 年 7 月 7 日	97	14	9.9	1.7	27	52	178	790

从跟踪检测的数据来看，该变压器乙炔气体含量成间歇性增长趋势，从最初的 $2.1\mu L/L$ 增长至 $28\mu L/L$，到 2016 年 2 月之后不再增长。应用特征气体法，特征气体为氢气和乙炔，对应故障类型为油中火花放电；应用三比值法，三比值为 $2:0:0$，对应故障类型为低能放电。

2. 超声波局部放电检测

2015 年 12 月 25 日，检测人员对该变压器高、中、低压侧，开关侧，扶梯等重点区域进行了超声波局部放电检测，经过多次周期性超声波局部放电检测，在高压 C 相、有载开关下方、扶梯中下部位置检测到异常信号。因该变压器在改造时加装了磁屏蔽，所以在超声定位时不能准确测定放电位置。同时检测有载开关和扶梯位置，发现扶梯位置信号明显大于有载开关位置，扶梯位置靠近高压 C 相，并且检测到的波形为"蛋形"波形综合所有检测，说明放电来自于内部，判断放电位置靠近高压 C 相，扶梯处测得的信号为传递过来的信号；因在高压 C 相中部出头位置同样检测到信号，判断该处存在放电可能性。各位置的测试情况及波形如表2～表4、图1～图5所示。

表 2 高压 A 相重点部位测试情况

测试部位	图解	说明及风险提示
高压	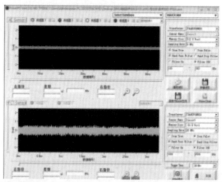	对高压三个重点区域连续测试若干周期，在高压 C 相检测到异常信号

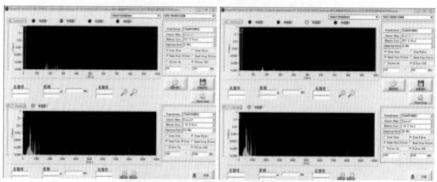

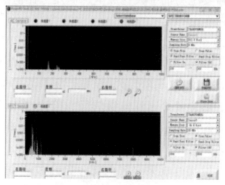

图 1 高压 A 相重点区域测试波形

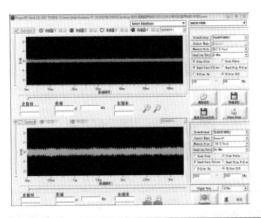

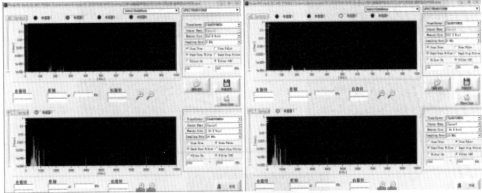

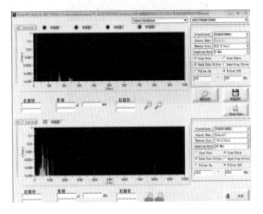

图 2　高压 B 相重点区域测试波形

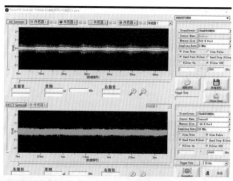

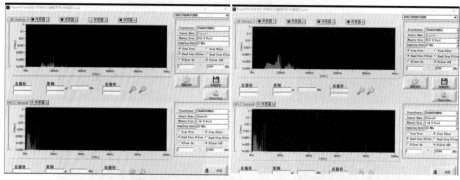

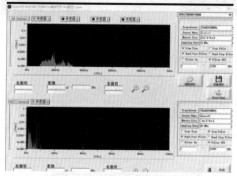

图 3　高压 C 相重点区域测试波形

表 3　　　　　　　　　　　　　　开关侧重点位置测试情况

测试部位	图解	说明及风险提示
开关		连续测试若干周期，在图中贴探头位置检测到异常信号

130

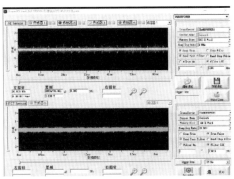

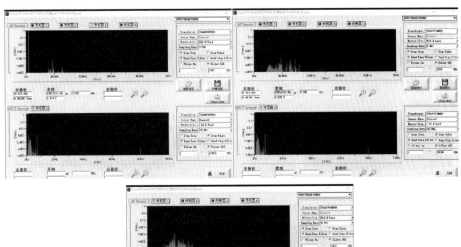

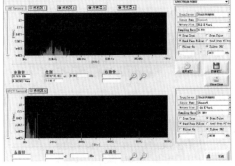

图 4　开关区域测试波形

表 4　　　　　　　　　　　　　　　　扶梯侧重点位置测试情况

测试部位	图解	说明及风险提示
扶梯		连续测试若干周期，在图中贴探头位置检测到异常信号

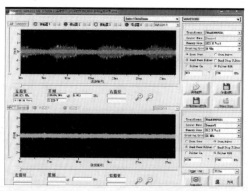

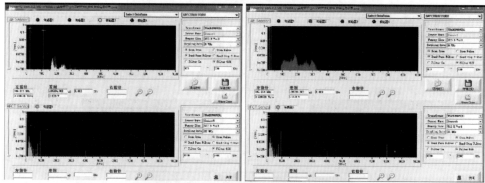

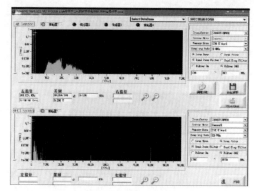

图 5　扶梯区域测试波形

三、 隐患处理情况

2016 年 11 月 24 日，变压器停电返厂，大修前进行高压电气试验，发现高、中、低压绕组直流电阻、绝缘和介损均正常，铁芯、夹件绝缘正常，常规电气试验未发现异常，将有载分接开关吊出检查无异常，套管引线无异常。然而在本体吊罩后发现高压侧下夹件 A、B 相之间和 B、C 相之间玻璃纤维拉带颜色异常，拉带固定处有明显玻璃纤维熔化痕迹（如图 6、图 7 所示），其中 B、C 相之间拉带最为严重。仔细检查，发现下夹件所有金属螺栓连接固定处均未除漆（如图 8 所示）。初步分析，由于固定拉带的螺栓与夹件形成了闭合回路，主变压器运行时漏磁通穿过这些闭合回路感应出很大的涡流，导致螺栓发热，并传导至拉带。

图 6　A、B 相之间拉带　　　　　　　图 7　B、C 相之间拉带

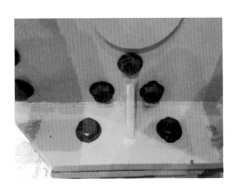

图 8　下夹件螺栓连接未除漆

　　对下夹件所有螺栓逐一拆除进行检查时，发现高压侧 B、C 相之间横梁紧固用螺栓的平垫圈上有放电灼伤痕迹，这就验证了局部放电检测时高压侧 C 相中下部存在异常放电信号的结论。同时对高压侧上夹件进行检查，发现上夹件上的螺栓固定处均有除漆（如图 9 所示），这表明该变压器厂家在安装上、下夹件时未严格按照施工工艺标准统一执行，存在严重缺陷，导致下夹件上的所有螺栓与下夹件不完全接触，悬浮于不均匀电场中。

图 9　上夹件螺栓连接有除漆

找到问题症结后，厂家人员将下夹件上的全部螺栓逐个拆下，将穿孔处的油漆刮掉、逐一打磨处理，并更换全部螺栓，更换新的拉带后重新组装。

2017年1月3日，该变压器返厂大修后重新运至变电站内，投运前经局部放电检测、耐压试验油色谱检测，各项数据合格。投运后1日、7日、30日后，油色谱跟踪检测合格，检测数据如表5所示，表明该主变压器缺陷得到有效解决。

表5　　　　　　　　变压器吊罩处理后油色谱跟踪数据（μL/L）

取样日期	氢气	甲烷	乙烯	乙烷	乙炔	总烃	一氧化碳	二氧化碳
2017年1月15日	0	0.98	0.51	0.22	0	1.71	12	230
2017年1月22日	0	1.21	0.55	0.21	0	1.97	27	244
2017年2月15日	0	1.18	0.59	0.26	0	2.03	29	261

四、经验体会

（1）加强带电检测，多种带电检测方法的联合使用，可以对变压器故障进行定性和定位，从而确定检修方式和方案。

（2）发现数据异常后，应结合停电试验进行进一步检查、试验。必须制定行之有效的试验方案，了解设备结构，有针对性地进行故障排查，才能提高故障判断准确率。

（3）主变压器解体后发现的下夹件上的金属螺栓连接处未进行除漆，说明厂家安装质量、施工工艺控制不标准，生产厂家要严控工作细节，对重要设备装配过程中的各个环节均要可控在控，防止不合格产品投入运行。

 变压器电脉冲法局部放电量超标发现引线屏蔽层损伤

设备类别：220kV 变压器
案例名称：220kV 变压器局部放电异常典型案例
技术类别：交接试验—局部放电试验

一、故障经过

220kV 变压器，设备型号为 SFSZ10-180000/220，因抗短路能力不足，于 2015 年 11 月返回厂家进行更换绕组处理。2016 年 1 月返回后进行现场交接试验，1 月 16 日，对变压器本体进行长时感应耐压及局部放电测试时，发现 A、B 相高压侧、中压侧及低压侧均存在放电量超标情况，C 相三侧均正常，现场安装人员将变压器放油后用皱纹纸对变压器绕阻首端绝缘进行了加固处理，1 月 18 日再次进行局部放电试验，放电情况依然存在，现场人员再次放油并打开升高座手空盖板检查，发现 A 相引线出线端绝缘皱纹纸破损，B 相引线过长。对上述缺陷进行处理后，1 月 20 日进行局部放电试验，试验结果合格。

二、 试验分析方法

1月16日，完成变压器常规试验及绕组变形试验项目后，对变压器进行交流耐压及局部放电试验，如图1所示，局部放电试验时发现A、B相三侧绕组放电量均超标，C相高、中、低三侧数据均正常，如表1所示。变压器其他试验项目数据均正常。

图1 变压器局部放电试验照片

表1 变压器三相局部放电试验数据

相位	高压侧	中压侧	低压侧	局部放电试验情况
A相	540pC	1700 pC	6100 pC	起始电压：48kV 熄火电压：43.6kV 采用支撑法：$1.5U_m/\sqrt{3}$无放电
B相	3000 pC	2000 pC	6000 pC	起始电压：48kV 熄火电压：42kV 采用支撑法：$1.5U_m/\sqrt{3}$ 高3000pC，中2000pC
C相				<200pC

设备安装人员于当天将变压器绝缘油放空后，用皱纹纸对变压器绕组首端绝缘进行了加固处理，注油后静止。1月18日，对变压器再次进行局部放电试验，局部放电依然存在，两次试验数据均无明显变化，说明此次处理未发现根本原因。

根据局部放电现象，初步判断本次局部放电问题原因如下：

（1）由于工频耐压正常，所以变压器的主绝缘及纵绝缘存在放电的可能性不大。

（2）由于空载试验正常，可以确定铁芯不存在放电。

（3）A相局部放电情况与传递系数相符，放电可能在低压侧，B相高中低三侧不符合传递系数，三侧均可能有问题。

综上所述，本次局部放电问题非变压器外部干扰、非变压器内部绝缘故障或铁芯

135

故障，放电可能是高电压对油隙引起的，放电点位于绕组首端。

　　基于上述分析，再次对变压器局部放电超标问题进行了检查处理。将变压器中绝缘油排出并提真空后，打开高压 A、B 相升高座手孔盖板检查 A、B 相高压引线，发现 A 相引线出线端绝缘皱纹纸破损，B 相引线过长，如图 2 所示。

图 2　变压器 A、B 相高压绕组引线情况

图 3　现场施工照片

　　现场吊出 A、B 相中压侧套管，测量引线绝缘距离，发现 A 相低压绕组出线端到铁芯尖角的距离为 30mm，小于规定的最小绝缘距离（70mm），B 相低压绕组出线端到铁芯尖角的距离为 40mm，小于规定的最小绝缘距离（70mm），且中压侧引线处绝缘皱纹纸有破损，如图 3、图 4 所示。

　　根据现场检查情况，确定主变压器各处局部放电位置均为绕组引线处。绕组首端电场分布复杂，首端通常缠绕金属屏蔽层外加皱纹纸的方式改善电场分布。在主变压器现场装配过程中，由于吊装套管时用力不均或过大，造成了 A 相高压侧、B 相中压侧引线端屏蔽层受损，从而发生油隙放电。而 B 相高压侧及低压侧绕组引线处理不当，导致引线至各点（引线之间、引线至地、引线至绕组、引线至铁心）的绝缘距离不能满足"最小绝缘距离"要求，从而发生放电。

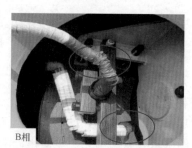

图 4　主变压器中压侧及低压侧引线照片

三、　隐患处理情况

　　根据现场检查情况，1 月 19 日对缺陷位置进行了以下处理：

　　（1）A 相高压侧。拆除原有屏蔽层，重新用屏蔽纸、皱纹纸、丹尼森缠绕，每边

136

绝缘厚度 25mm，保证足够的电气强度和机械强度，如图 5 所示。测量引线绝缘距离符合引线绝缘距离表（见表 2）。

表 2　　　　　　　　　引线绝缘水平及最小绝缘距离表（mm）

	绝缘水平	每边绝缘 δ	到线圈距离	到平面距离	到尖角距离	到箱壁距离	到尖角爬距
高压引线	L1950AC395	25	170	200	260	240	450（纸板件）
高零引线	L1400AC200	10		190		120	300（木件）
高压分接线	L1400AC200	8	80		120	120	400（木件）

	绝缘水平	每边包绝缘	到平面距离	到尖角距离	引线间	至尖角爬距	引线间木件爬距
中压引线	L1480AC200	20	55	100	40	165（纸板件）	
中零引线	L1325AC140	10	60	90	45	180（木件）	90
低压引线	L1200AC85	1	60	70	60	170（木件）	100

 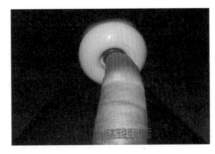

图 5　A 相高压侧绕组处理情况

（2）B 相高压侧。吊出套管，用断线钳将 B 相高压绕组引线截断 140mm，对接线处进行圆整化处理，保证无尖角、毛刺，然后缠绕皱纹纸和白布带，如图 6 所示。测量引线绝缘距离符合引线绝缘距离表（见表 2）。

图 6　B 相高压侧处理情况

（3）A 相中压侧。对 A 相中压侧绕组引线处增加瓦楞纸加强绝缘，如图 7 所示。

（4）B 相中压、低压侧。对 B 相中压侧绕组引线破损处重新用屏蔽纸、皱纹纸、丹尼森缠绕，每边绝缘厚度 20mm。将低压侧绕组引线增加瓦楞纸加强绝缘，如图 8 所示。

图 7　A 相中压侧绕组引线处理情况　　　图 8　B 相中压、低压侧绕组引线处理情况

测量各处引线绝缘距离，均符合相关要求，如表 3 所示。

表 3　　　　　　　　　　　　　　　实测引线绝缘距离（mm）

测量位置	每边绝缘	到线圈距离	到平面距离	到尖角距离	到箱壁距离	到尖角爬距
A 相高压引线	25	270	430		430	
B 相高压引线	25	270	440		440	

测量位置	每边绝缘	到平面距离	到尖角距离	引线间	到尖角爬距	引线间木件爬距
A 相中压引线	20	255	170	100	260	
B 相中压引线	20	260	170	70	260	
A 相低压引线	5		30			
B 相低压引线	5		40			

处理完毕后，封闭各处盖板，抽真空并注油，热油循环并静止后进行局部放电试验，三相局部放电量均小于 200pC，试验合格。

四、心得体会

局部放电故障对变压器的绝缘性能及使用寿命有较大影响。做好局部放电故障的处理及预防对变压器的性能及变电站的安全运行起着至关重要的作用。为避免产生局部放电故障，现总结如下：

（1）在部件制造及器身装配阶段需严格控制清洁度及降尘量，防止异物（特别是金属异物）带入绕组、铁芯及绝缘件等部件，防止异物（特别是焊接件、金工件加工过程中所残留的异物）带入器身。

（2）在器身整理阶段需严格进行尖角的检查及处理，如螺栓需安装屏蔽帽，尖角、毛刺和棱角等需进行清除或导角处理，尽量避免尖角放电的情况。

（3）在器身总装过程中应严格进行接地检查，如磁屏蔽接地、铁芯接地、夹件接地等，并进行相应的绝缘电阻测量。尽量避免非可靠接地及悬浮放电。

（4）由于变压器在制造过程中手工操作量大，工艺控制复杂困难，分散性较大，为保证产品质量，220kV 变压器必须驻厂监造，同时为使监造规范化、程序化，应对监造提出具体要求，并将监造报告作为设备原始资料存档。

（5）变压器现场安装阶段（特别是内检过程）应进行严格控制，如套管安装时不应受力。合理选择内检天气及空气湿度，对人孔进行防护、严格控制进入油箱的人数及带入油箱的工具、做好人员及工具进出油箱登记管理、严格控制内检时间等，防止异物带入变压器内部。

五、 检测相关信息

检测用仪器：VFSR-W型无局部放电变频谐振试验系统、JFD-251数字式局部放电测试仪。

[案例四] 变压器新投运后局部放电检测发现绝缘受潮放电

设备类别：110kV变压器
案例名称：110kV变压器油色谱异常检测分析
技术类别：带电检测技术—油中溶解气体分析、超声波局部放电检测

一、 故障经过

1. 缺陷/异常发生前的工况

500kV变电站变压器投运后C相氢气开始呈增长趋势，截至2016年10月，氢气含量约增至400μL/L。A相投运后存在痕量乙炔，含量为0.06μL/L，数值相对稳定。色谱跟踪分析数据如表1所示。

表1 变压器C相色谱跟踪分析数据

序号	试验时间	氢气 (μL/L)	一氧化碳 (μL/L)	二氧化碳 (μL/L)	甲烷 (μL/L)	乙烯 (μL/L)	乙烷 (μL/L)	乙炔 (μL/L)	总烃 (μL/L)
1	2016.01.14	245.05	129.08	264.57	12.96	0.39	1.55	0	14.90
2	2016.02.18	263.69	173.00	394.48	12.67	0.45	1.77	0	14.89
3	2016.03.23	292.59	116.25	197.26	12.43	0.36	1.35	0	14.14
4	2016.04.19	221.96	109.17	267.86	10.77	0.33	1.32	0	12.42
5	2016.05.31	278.18	166.23	316.70	13.25	0.33	1.71	0	15.29
6	2016.07.06	354.71	131.04	409.33	17.07	0.40	1.96	0	19.43
7	2016.08.24	357.82	134.13	410.41	17.12	0.41	1.98	0	19.24
8	2016.09.19	391.28	128.35	431.84	18.21	0.39	1.96	0	20.56

2016年11月15日，变压器停电后对C相进行了常规例行试验，试验项目包括套管介损、末屏绝缘、绕组介损、绕组绝缘、绕组直流电阻、铁芯夹件绝缘。试验数据合格。

2. 异常情况，故障先兆

2016 年 11 月 15 日下午，对变压器 C 相进行局部放电试验，试验电压升至 $1.5U_m/\sqrt{3}$ 时，高压侧局部放电量 60pC，中压侧局部放电量 450pC。在该电压下持续 5min 后，局部放电量突然增大，高压侧达 1000pC，中压侧达 9000pC，且中性点套管及高压套管下方内部有明显放电声音，随时间延长局部放电量明显增长，高压 2000pC，中压 20000pC，起始电压和熄灭电压明显降低。检测图谱如图 1 所示。

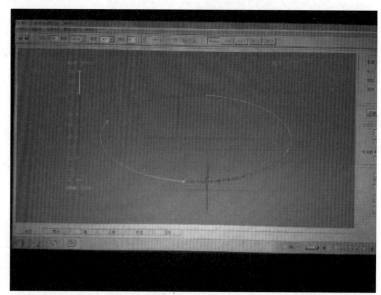

图 1　电脉冲局部放电检测图谱

二、检测分析方法

在对变压器进行局部放电试验的同时，现场检测人员使用 PowerPD‑TP500A 超声波局部放电检测仪及 G1500 高频局部放电测试仪对变压器 C 相进行局部放电检测，在中性点及高压套管下部箱壁处存在间歇性超声波局部放电信号，其中中性点处幅值最大，中压套管和低压套管下部箱壁处未检测到超声异常信号，如图 2 所示，黄色为中性点套管下部箱壁处超声波信号，蓝色为高压套管下部箱壁处超声波信号。

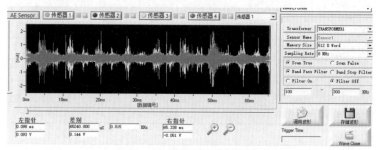

图 2　超声波局部放电信号

高频检测显示铁芯夹件及变压器外壳接地处均有明显高频异常信号，且有周期相关性，其中外壳接地处高频异常信号幅值最大。通过示波器对局部放电信号进行展开，发现外壳接地处信号与铁芯夹件接地处信号极性相反，排除周围外部干扰信号，确认变压器内部存在异常放电，如图 3 所示。

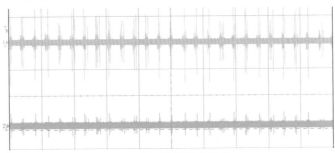

图 3　高频局部放电信号

变压器局部放电试验前后均取变压器油进行了油中溶解气体分析，如表 2 所示，可以看出局部放电试验后油内乙炔严重超标，确认变压器内部发生了放电。

表 2　　　　　　　　　　　变压器 C 相局部放电前及局部放电后色谱数据

序号	氢气 ($\mu L/L$)	一氧化碳 ($\mu L/L$)	二氧化碳 ($\mu L/L$)	甲烷 CH_4 ($\mu L/L$)	乙烯 C_2H_4 ($\mu L/L$)	乙烷 C_2H_6 ($\mu L/L$)	乙炔 C_2H_2 ($\mu L/L$)	总烃 ($\mu L/L$)	介损 (90℃)	耐压 (kV)	微水 (mg/L)
局部放电试验前	333.6	115.8	432	17.65	0.36	2.11	0	20.02	0.047%	73.1	2.5
局部放电试验后	561.4	161.7	451	79.33	76.84	10.70	213.51	379.38	0.052%	73.7	2.2
净增长值	227.8	45.9	19	61.68	76.48	8.59	213.51	359.36			

事件原因分析：

（1）该变压器投运后，氢气一直增长，而总烃增长不明显。由于该批次变压器中其余运行正常，故可排除因材料原因导致的氢气增长，分析认为氢气增长原因为安装过程中绝缘材料局部受潮，运行中产生局部放电。

（2）由于局部放电长期存在，对绝缘持续破坏，故绝缘材料已经有了损伤。在停电进行局部放电试验过程中，由于试验电压高于运行电压，损伤的绝缘材料进一步加剧受损，并最终形成局部绝缘纸板的击穿。

三、隐患处理情况

2016 年 12 月 5～18 日，变压器 C 相进行拆除并用 500kV 备用变压器对故障变压器进行了更换，更换后对备用相进行了相关试验，数据合格，投运至今正常运行。

2017 年 2 月 14 日，对返厂的故障变压器进行干燥脱油处理后，进行解体内部检查。由图 4 可见，拆掉调压线圈围屏时，调压线圈下部绝缘纸板及其垫块有明显烧黑放电痕迹，部分绝缘纸板被烧穿，呈现典型树枝状放电。

图 4 树枝状放电

拆掉调压绕组围屏后，可见调压绕组下端部严重烧伤，部分绝缘件被烧穿，炭黑明显，如图 5 所示，随着从下往上的油流形成贯穿的痕迹，低压绕组、中压绕组对应位置未见明显异常。

图 5 调压线圈内部调压线圈下端部角环烧损情况

四、经验体会

（1）加强变压器色谱跟踪，对色谱存在异常且数据持续增长的变压器适时安排检修处理。

（2）加强施工管控，保证规范施工，并加大验收力度，在验收过程中开展变压器纸板含水量检测（介质频率响应法），及时发现设备隐患，确保零缺陷移交。

第五章　变压器油务试验检测异常典型案例

 变压器油中溶解气体分析氢气、总烃超标

设备类别：220kV 变压器
案例名称：变压器氢气、总烃超标典型案例
技术类别：带电检测—油中溶解气体分析

一、故障经过

2015 年 1 月 14 日，按正常试验周期（3 个月一次）对 220kV 变电站变压器取油样，1 月 15 日在试验室进行油色谱试验，结果发现氢气、总烃含量较上次有较大幅度的增长，1 月 16 日技术人员再次赴该变电站 1 号变压器取油样并立即进行了色谱试验，发现氢气、总烃含量继续上升。

二、检测分析方法

对检测/排查过程数据进行分析判断，技术人员查询调取了变压器自 2013 年 6 月 24 日～2014 年 12 月 31 日的色谱试验数据，并且在 2015 年 1 月 20 日和 1 月 29 日对该变压器进行了跟踪检测，现将色谱试验数据统计如表 1 所示。

表 1　　　　　　　　　变压器色谱试验数据（$\mu L/L$）

分析日期	H_2	CO	CO_2	CH_4	C_2H_4	C_2H_6	C_2H_2	总烃
2013 年 6 月 24 日	186.0	340.0	4032.0	13.63	56.88	2.28	0.0	72.79
2013 年 9 月 21 日	203.0	362.0	4179.0	14.74	57.3	3.07	0.0	75.11
2013 年 12 月 17 日	329.0	578.0	11359.0	17.62	68.5	4.01	0.0	90.13
2014 年 3 月 9 日	313.0	362.0	4273.0	17.53	54.3	1.97	0.0	73.8
2014 年 6 月 10 日	139.0	368.0	10441.0	16.76	57.01	5.21	0.0	78.98
2014 年 8 月 15 日	194.0	359.0	4383.0	15.47	46.86	2.63	0.0	64.96
2014 年 9 月 9 日	355.0	533.0	13082.0	19.96	65.3	5.26	0.0	90.52
2014 年 10 月 14 日	174.0	333.0	4447.0	16.33	39.61	2.32	0.0	58.26
2014 年 12 月 12 日	123.0	259.0	5275.0	12.84	47.25	4.06	0.0	64.15
2015 年 1 月 15 日	471	649	19474	23.97	72.9	5.98	0.0	102.86
2015 年 1 月 16 日	546	696	20491	25.13	78.1	6.33	0.0	109.56
2015 年 1 月 20 日	395	421	5824	22.5	69.5	5.8	0.0	97.8
2015 年 1 月 29 日	465	455	6407	25.12	79.23	6.8	0.0	111.15

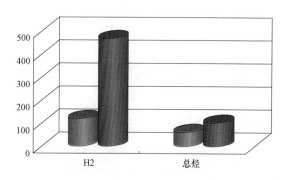

图1 H₂和总烃增长前后对比图

该变压器的 H₂、总烃含量自 2015 年 1 月 15 日开始出现增长趋势（H₂ 由 $123\mu L/L$ 增长为 $471\mu L/L$，超过了 $150\mu L/L$ 的注意值；总烃由 $64.15\mu L/L$ 增长为 $102.86\mu L/L$，接近 $150\mu L/L$ 的注意值），并逐渐稳定，而其他组分未出现明显变化，也没有出现 C_2H_2 组分。H₂、总烃、H₂ 和总烃含量增长曲线见图 1~图 3。

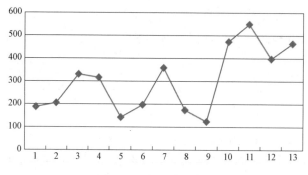

图2 H₂含量增长曲线

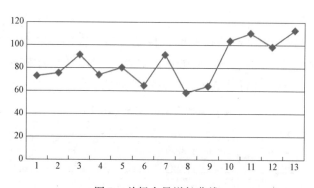

图3 总烃含量增长曲线

该变压器因氢气、总烃上升幅度较大，乙炔为零，乙烯占总体的主要成分，且伴随一氧化碳、二氧化碳大幅上升。初步判断结论为：变压器内部存在涉及固体绝缘的中温过热性故障。

变压器油中残留的少量环己烷的轻质馏分，在催化剂和高温度作用下，也会发生脱氢反应而生 H₂。变压器绝缘材料中的清漆如溶解于变压器油中，也会释放 H₂。

技术人员查询了变压器上次停电例行试验数据，变压器绝缘电阻、介质损耗等绝缘项目试验数据均正常，但是低压直流电阻相互差达到了 4.16547%，超过了 2% 的注意值，见表 2。

144

表 2   低压直流电阻试验

低压相电阻（mΩ）			低压相电阻（mΩ，20℃）			互差	注意值
ax	by	cz	ax (20℃)	by (20℃)	cz (20℃)		
3.626	3.481	3.489	3.502386	3.36233	3.370057	4.16547%	2%

原因分析：

（1）变压器内部有缺陷，存在中温过热现象。变压器油中含有水，可以与铁作用生成 H_2，即 $3H_2O + 2Fe \rightarrow 3H_2 + Fe_2O_3$。过热的铁芯层间油膜裂解也产生 H_2。变压器油中残留的少量环己烷的轻质馏分，在催化剂和高温度作用下，也会发生脱氢反应而生 H_2。

（2）2014 年 8 月 18 日，××线 83 开关过流 1 段掉闸，重合不成，可能冲击到变压器，造成过热。若是 B 相故障，在变压器 10kV 桥母线 B 相电抗器短接后，可能与短路电流增大而引起暂时过热有关。

三、 隐患处理情况

检测人员将缩短变压器的色谱检测周期，继续跟踪分析，观察各特征气体的变化趋势；必要时运用光声光谱分析仪在线检测变压器油样，及时获取状态量变化。

四、 经验体会

1 号变压器运行接近 30 年，并且运行负荷较大，可能存在潜伏性故障缺陷。开展变压器超声波局部放电检测，诊断设备内部绝缘缺陷；建议尽快取样检测变压器糠醛含量，以判断变压器固体绝缘老化程度。

五、 检测相关信息

检测用仪器：河南中分仪器有限公司 ZF-301。

 变压器油中溶解气体分析总烃超标发现铁芯多点接地

设备类别：220kV 变压器
案例名称：220kV 变电站变压器铁芯多点接地
技术类别：带电检测—油中溶解气体分析

一、 故障经过

220kV 变电站变压器型号为 SFPSZ9-150000/220，出厂日期为 2001 年 4 月。2015 年 3 月 18 日变压器油色谱测试总烃为 $408\mu L/L$，3 月 19 日测试为 $411\mu L/L$，超过规程规定值，停电进行例行试验，发现铁芯接地电阻为 $0M\Omega$，用电容器冲击后，500V 绝缘电阻表测试铁芯接地电阻为 50MΩ。变电检修室将此缺陷上报运维检修部门，运检部门安排此主变压器返厂处理铁芯多点接地及其他缺陷。

2015 年 9 月 24 日，变压器返厂大修。返厂解体后发现，该变压器绕组器身表面存在大量金属颗粒，且铁芯有明显发热痕迹。生产厂家对变压器铁芯进行更换，对绕阻和器身进行清洗，出厂试验合格后，于 11 月 21 日返回，变电检修室对其进行恢复安装，各项试验正常。12 月 7 日，设备送电，各项数据正常，保证了电网的平稳运行。

二、检测分析方法

1. 油中溶解气体分析

变压器油中溶解气体分析测试结果如表 1 所示。

表 1   变压器色谱数据 （μL/L）

日期	H_2	CO	CO_2	CH_4	C_2H_4	C_2H_6	C_2H_2	总烃
2014 年 12 月 20 日	14.4	244	1824	46.8	48.1	23	0	117.9
2015 年 3 月 18 日	19	242	2467	129	160	80.7	0	369.7
2015 年 3 月 19 日	20	240	2323	131	167	86	0	384

总烃规程要求运行中变压器不超过 $150\mu L/L$，三比值法为（0，2，1），对应的缺陷大致如下：分接开关接触不良，引线夹件螺丝松动或接头焊接不良，涡流引起铜过热，层间绝缘不良，铁芯多点接地等。变电检修人员将情况汇报给运维检修部门，申请停电试验。

在变压器停电试验时发现铁芯接地电阻为 0MΩ，判断变压器内部存在铁芯多点接地故障，为进一步分析、判断变压器内部铁芯接地情况，检测人员现场使用电容进行放电冲击，铁芯绝缘为 50MΩ。

导致铁芯多点接地故障可能的原因大致有：

（1）安装时疏忽使铁芯碰壳，碰夹件；

（2）螺栓过长与硅钢片短接；

（3）铁芯绝缘受潮或损坏；

（4）接地线因加工工艺和设计不良造成短路；

（5）由于附件引起的多点接地；

（6）遗落在内部的金属异物和铁芯工艺不良产生的毛刺、铁锈与焊渣等因素引起接地。

结合历次试验数据及变压器运行情况，可以排除（1）、（2）、（4），为进一步判断铁芯多点接地故障的原因，变电检修人员将缺陷上报运检部门，安排返厂处理铁芯多点接地及其他缺陷。

2. 返厂后解体分析

2015 年 9 月 24 日，变压器返厂大修。返厂解体后发现，该变压器绕组器身表面存在大量金属颗粒，且铁芯有明显发热痕迹，如图 1、图 2 所示。

同时发现，该主变压器冷却母管的温度管与油流继电器磨损严重，综合判断此次

图1　1号主变压器铁芯有明显发热现象

铁芯多点接地的主要原因是，主变压器冷却母管的温度管与油流继电器型号不符，在运行过程中发生磨损现象，产生大量金属颗粒，金属颗粒随变压器油循环时附着在铁芯表面，发生相间和接地短路。

三、 隐患处理情况

2015年9月24日，1号主变压器返厂大修。生产厂家对变压器进行检查后，制定了大修方案，对其铁芯进行更换，对绕组和器身进行清洗和重新环绕，保证设备正常运行。

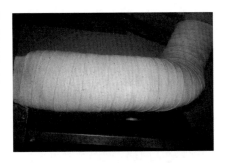

图2　1号主变压器绕组器身表面存在大量金属颗粒

11月21日，变压器大修完成，变电检修室对其进行恢复安装，各项试验正常，绝缘电阻及铁芯夹件绝缘如表2所示。12月8日，1号主变压器安全送电。

表2　　　　　　　　　1号主变压器返厂大修后绝缘电阻及铁芯夹件试验数据

绝缘电阻	R15″（mΩ）	R60″（mΩ）	R10′（mΩ）	吸收比	极化指数
高压对中压、低压及地	9980	13100	17400	1.31	1.33
中压对低压、高压及地	6850	10200	20200	1.49	1.98
低压对高压、中压及地	10100	17800	28200	1.76	1.58
铁芯对地	10000	夹件对地	10000	铁芯对夹件	5000

变压器投运后油中溶解气体分析测试结果如表3所示，各项数据均合格。

表3 1号主变压器投运后油中溶解气体分析测试结果（μL/L）

日期	H$_2$	CO	CO$_2$	CH$_4$	C$_2$H$_4$	C$_2$H$_6$	C$_2$H$_2$	总烃
2015年12月9日	0.45	0.85	138	0.43	0	0	0	0.43
2015年12月12日	0.6	1.94	171.3	0.47	0	0	0	0.47
2015年12月18日	0.62	2.8	184	0.45	0.15	0.18	0	0.78

四、 经验体会

（1）加强变压器出厂监造工作，关键见证点应指派工作经验的人员全程见证。

（2）变压器现场安装及大修后，加强芯检工作，注意对变压器内部异物进行及时清理。

（3）加强检修人员现场处理故障时工器具的管理。

（4）重视铁芯、夹件对地绝缘电阻的测量。

（5）运维人员严格定期巡视制度，按照周期准确测试铁芯、夹件的接地电流。

五、 检测相关信息

检测用仪器：安捷伦 HP7890A 色谱仪；泛华 AI－6000K 自动抗干扰介质损耗测试仪；3128 绝缘电阻测试仪。

[案例三] 变压器油中溶解气体分析乙炔超标

设备类别：220kV 变压器

案例名称：220kV 变电站变压器油色谱检测异常隐患发现及处理案例

技术类别：带电检测—油中溶解气体分析

一、 故障经过

220kV 变压器型号为 SFSZ10－180000/220，2007 年生产。2015 年 9 月 9 日，检测人员对变压器抽取油样并进行油色谱检测，测试结果显示油色谱中乙炔含量为 1.74μL/L，上次油色谱试验值为 0μL/L，相比之下，乙炔含量明显异常升高。9 月 10 日进行复测，乙炔含量为 1.56μL/L。对该台主变压器停电进行诊断性试验，包括红外热像检测、绕组变形、绝缘电阻、直流电阻、整体介损和套管试验，试验中发现变压器绕组高对低变形、中对低变形，数据均不合格，初步判断为变压器低压绕组存在变形。对变压器进行返厂大修，变压器返厂解体后，发现其低压绕组出现严重变形现象，通过更换主变压器低压绕组，消除了变压器低压绕组变形的隐患。主变压器恢复安装后，绕组变形试验与油色谱试验结果均合格，送电后运行正常。

二、 检测分析方法

1. 油色谱分析

2015年9月9日对变压器进行油色谱分析，试验结果显示乙炔为1.74μL/L，尚未超出注意值（注意值为5μL/L）。9月10日进行复测，测试结果显示乙炔为1.56μL/L，无明显程度的变化。与上次试验数据进行对比（2015年3月10日油色谱数据显示乙炔含量为零），氢气无明显增长，乙炔含量明显升高。试验数据见表1。

表1 变压器油中溶解气体分析检测数据（μL/L）

氢 H_2	氧 O_2	一氧化碳 CO	二氧化碳 CO_2	甲烷 CH_4	乙烯 C_2H_4	乙烷 C_2H_6	乙炔 C_2H_2	烃总和 C_1+C_2	分析时间
68	—	864	3567	6.59	0.69	1.38	0	8.66	2015年3月10日
64	—	1038	5254	11.84	2.17	1.86	1.74	17.6	2015年9月9日
67	—	943	4951	10.94	1.85	1.59	1.56	15.94	2015年9月10日

现场检测人员立即将该情况向工区及公司运维检修部进行汇报，经公司研究决定将该台主变压器停电进行诊断性试验，停电后对变压器进行绕组变形、绝缘电阻、直流电阻、整体介损和套管试验，除绕组变形和油色谱试验外，其余试验项目结果均合格。各项试验结果见表2。

表2 变压器绝缘电阻、直流电阻、整体介损和套管试验数据

站名	220kV××变电站		设备位置	变压器		油温（℃）	45		
制造厂家	××厂			设备型号		SFSZ10-180000/220			
额定容量	180MVA	电压等级	220kV	试验性质	诊断性试验	试验日期	2015年9月11日		
天气情况	晴朗	温度（℃）	30	湿度（%）	50	预试周期	3		
绝缘试验	试验项目		绝缘电阻（MΩ）			介损			
			R15″	R60″	吸收比	$\tan\delta$（%）	C_x（pF）		
	高压对地		21300	32000	1.50	0.401	10975		
	中压对地		19000	45000	2.37	0.234	23013		
	低压对地		25000	43000	1.72	0.238	26470		
	铁芯绝缘（MΩ）		6600						
使用仪器	电阻：GZ-8绝缘电阻表			介损：AI-6000介损仪					
电容型套管试验	位置	相别	绝缘电阻（MΩ）		介损	电容量（pF）			
			主绝缘	末屏	$\tan\delta$（%）	实测值	铭牌值	ΔC_x（%）	
	高压侧	A			0.301	412.9	415		
		B			0.232	402.8	406		
		C			0.229	397.9	402		
		0			0.275	278.1	279		

使用仪器			电阻：GZ-8 绝缘电阻表			介损：AI-6000 介损仪		
电容型套管试验	位置	相别	绝缘电阻（MΩ）		介损	电容量（pF）		
			主绝缘	末屏	tanδ（%）	实测值	铭牌值	ΔCₓ（%）
	中压侧	Am			0.256	456.4	460	
		Bm			0.259	450.3	454	
		Cm			0.298	453.1	459	
		0m			0.278	353.9	358	
	低压侧	a						
		b						
		c						
试验仪器			GZ-8 绝缘电阻表			AI-6000 介质损仪		

绕组直流电阻（Ω）

档位	高压			档位	高压		
	A	B	C		A	B	C
1	0.3476	0.3478	0.3488	2	0.3427	0.3427	0.3438
3	0.3374	0.3376	0.3387	4	0.3327	0.3326	0.3338
5	0.3277	0.3277	0.3288	6	0.3228	0.3226	0.3238
7	0.3178	0.3177	0.3188	8	0.3133	0.3124	0.3139
9	0.3064	0.3057	0.3066	10	0.3124	0.3123	0.3168
11	0.3175	0.3180	0.3176	12	0.3225	0.3230	0.3230
13	0.3274	0.3273	0.3277	14	0.3321	0.3329	0.3329
15	0.3379	0.3369	0.3385	16	0.3431	0.3435	0.3431
17	0.3482	0.3475	0.34836	18			

中压			低压		
Am	Bm	Cm	ab	bc	ca
0.08051	0.08014	0.0803	0.02812	0.02820	0.02809

油温（℃）	45	使用仪器	3393 直阻仪
试验结论			合格

2. 低压电抗法绕组变形试验

在利用低压电抗法对变压器进行绕组变形试验时，发现变压器绕组高对低变形、中对低变形，数据均不合格，如表 3～表 5 所示仔细分析试验报告，发现试验中高对低和中对低的 C 相短路阻抗明显较 A、B 两相偏大，检测人员当下判定主变压器低压绕组 C 相出现了变形。

表 3　　　　　　　变压器绕组变形低电压电抗法测试报告（高压—中压）

测试依据：DL/T 1093—2008《电力变压器绕组变形的电抗法检测判断导则》				
铭牌参数	型号	SFSZ10-180000/220	绕组数	三绕组
	相数	三相	绕组材质	铜
	出厂序号	2007010095	制造厂家	××厂
	出厂日期	2007 年 10 月 1 日		

	测试依据：DL/T 1093—2008《电力变压器绕组变形的电抗法检测判断导则》			
试验参数	测试绕组对	高压—中压	额定阻抗（%）	11.26
	是否进行温度换算	否	绕组温度（℃）	48
	加压侧直流电阻（mΩ）		短接侧直流电阻（mΩ）	
	外接 TV 变比（A/B/C）	1/1/1	外接 TA 变比（A/B/C）	1/1/1
	分接位置/分接因数	加压绕组	1/1.1	短接绕组	0/1

	相位	AO	BO	CO	ABC 相
测量及计算结果	频率 f（Hz）	50.01009	50.02014	50.06694	50.03256
	电压有效值 U_m（V）	208.91	209.6988	208.332	363.011
	电流有效值 I_m（A）	5.710892	5.68644	5.728717	5.708961
	有功功率 P_m（W）	30.2098	30.7425	37.17451	92.30868
	无功功率 Q_m（var）	1192.635	1192.042	1195.78	3396.595
	视在功率 S_m（VA）	1193.018	1192.439	1196.358	3397.556
	短路阻抗 U_k（%）	11.24332	11.33481	11.2029	11.30883
	短路损耗 P_k（kW）	279651.1	295303.7	285548.1	522506.7
	短路阻抗 Z_k（Ω）	36.21423	36.92284	36.17159	36.79392
	短路电抗 X_k（Ω）	36.2079	36.91584	36.16489	36.68506
	漏电感 L_k（mH）	0.1171061	0.1162064	0.1170224	0.1167964
	铭牌误差（%）	—	—	—	0.433658
	相间最大相对误差（%）	1.177			—

试验结论：规程要求容量在 100MVA 以上或电压 220kV 及以上的电力变压器绕组三相参数的最大相对互差不应大于 2.0%。试验数据为 1.177，满足规程要求。

表 4　　　　变压器绕组变形低电压电抗法测试报告（高压—低压）

	测试依据：DL/T 1093—2008《电力变压器绕组变形的电抗法检测判断导则》			
铭牌参数	型号	SFSZ10-180000/220	绕组数	三绕组
	相数	三相	绕组材质	铜
	出厂序号	2007010095	制造厂家	××厂
	出厂日期	2007 年 10 月 1 日		
试验参数	测试绕组对	高压—低压（I）	额定阻抗（%）	23.57
	是否进行温度换算	否	绕组温度（℃）	48
	加压侧直流电阻（mΩ）	0	短接侧直流电阻（mΩ）	0
	外接 TV 变比（A/B/C）	1/1/1	外接 TA 变比（A/B/C）	1/1/1
	分接位置/分接因数	加压绕组	9/1	短接绕组	0/1

测试依据：DL/T 1093—2008《电力变压器绕组变形的电抗法检测判断导则》				
相位	AO	BO	CO	ABC 相
频率 f（Hz）	49.99897	49.98925	49.97125	49.98652
电压有效值 U_m（V）	209.9133	210.3739	209.7725	354.1355
电流有效值 I_m（A）	3.319723	3.341108	3.296565	3.316671
有功功率 P_m（W）	14.53163	14.99661	14.87524	46.39322
无功功率 Q_m（var）	696.7031	702.7263	691.2935	2748.301
视在功率 S_m（VA）	696.854	702.8862	691.5286	2748.563
短路阻抗 U_k（%）	23.51642	23.41461	24.66822	23.86642
功率因数 $\cos\varphi$	0.01401871	0.01435833	0.01455336	0.0136818
短路损耗 P_k（kW）	310089	316166.6	320942.5	941009.5
短路阻抗 Z_k（Ω）	63.05045	63.91098	63.05988	63.38529
短路电抗 X_k（Ω）	63.04517	63.90534	63.05412	63.24472
漏电感 L_k（mH）	0.2013853	0.2013957	0.2014009	0.2014328
铭牌误差（%）	—	—	—	1.257616
相间最大相对误差（%）	5.253			—

注：左侧纵向合并单元格标题为"测量及计算结果"。

试验结论：规程要求容量在 100MVA 以上或电压 220kV 及以上的电力变压器绕组三相参数的最大相对互差不应大于 2.0%。试验数据为 5.253%，试验数据不合格。

表5　　变压器绕组变形低电压电抗法测试报告（中压—低压）

测试依据：DL/T 1093—2008《电力变压器绕组变形的电抗法检测判断导则》				
型号	SFSZ10-180000/220	绕组数	三绕组	
相数	三相	线圈材质	铜	
出厂序号	2007010095	制造厂家	××厂	
出厂日期	2007 年 10 月 1 日			
测试绕组对	中压—低压	额定阻抗（%）	7.65	
是否进行温度换算	是	绕组温度（℃）	48	
加压侧直流电阻（mΩ）	0	短接侧直流电阻（mΩ）	0	
外接 TV 变比（A/B/C）	1/1/1	外接 TA 变比（A/B/C）	1/1/1	
分接位置/分接因数	加压绕组	1/1	短接绕组	0/1

注：左侧纵向合并单元格标题依次为"铭牌参数"、"试验参数"。

测试依据：DL/T 1093—2008《电力变压器绕组变形的电抗法检测判断导则》					
	相位	AO	BO	CO	ABC 相
测量及计算结果	频率 f（Hz）	50.01607	50.02087	50.01674	50.02402
	电压有效值 U_m（V）	186.3914	186.4872	186.3215	333.12
	电流有效值 I_m（A）	30.05334	30.55187	29.62488	32.6927
	有功功率 P_m（W）	233.697	234.95	286.069	779.5661
	无功功率 Q_m（var）	5596.805	5692.926	5511.526	18618.59
	视在功率 S_m（VA）	5601.686	5697.778	5516.532	18731.45
	短路阻抗 U_k（%）	7.625587	7.505292	7.728726	7.662428
	功率因数 $\cos\varphi$	0.05505953	0.05611528	0.05552485	0.03299382
	短路损耗 P_k（kW）	161485.3	161365.7	162397.2	489891.3
	短路阻抗 Z_k（Ω）	6.117676	6.133999	6.354117	6.232533
	短路电抗 X_k（Ω）	6.108387	6.124363	6.344316	6.196464
	漏电感 L_k（mH）	0.01943794	0.01948677	0.02018763	0.01971761
	铭牌误差（%）	—	—	—	0.162458
	相间最大相对误差（%）	2.977			—

试验结论：规程要求容量在 100MVA 以上或电压 220kV 及以上的电力变压器绕组三相参数的最大相对互差不应大于 2.0%。试验数据为 2.977%，试验数据不合格。

三、 隐患处理

经公司研究决定对变压器进行返厂大修。主变压器返厂解体后，发现变压器低压 C 相绕组出现严重变形现象，通过更换主变压器低压绕组，消除了变压器低压绕组变形的隐患。主变压器恢复安装后，绕组变形试验中高压—中压、高压—低压、中压—低压相间最大相对误差分别为 0.165%，0.274%、0.172%，均小于 2% 的标准值，油色谱试验中，乙炔含量为 0，判定为合格，其他常规试验项目及局部放电、耐压试验结果也均合格，主变压器于 2015 年 9 月 29 日完成送电，送电后运行正常。前后对比照片如图 1、图 2 所示。

图 1　变压器低压绕组 C 相变形图

图 2　变压器低压绕组
更换后照片

四、 经验体会

（1）变压器油色谱分析能够有效反映变压器运行情况，通过油中溶解气体的组分分析和含量变化，能够反映出变压器内部潜伏性故障的性质和程度。

（2）要进一步加强对变压器的巡视与带电检测工作，定期进行油样色谱分析检测、红外检测及铁芯和夹件接地电流的测试等来分析评估变压器的运行状态，对设备安全隐患及早发现，及时处理。

（3）在分析判断设备运行状况时，利用多种检测试验方法配合分析，有利于更全面的掌握设备运行信息，做到设备缺陷不漏判、不误判。

五、 检测相关信息

检测用仪器：绝缘电阻测试仪为思创 DM100C；直流电阻测试仪为泰达 TD3310；介质损耗测试仪为泛华 AI‐6000D；变比测试仪为朗信 LCL3305；绕组变形测试仪为 RZBX‐FR；气相色谱仪为河南中分 ZF‐301A。

 变压器油色谱在线监测装置检测乙炔异常

> 设备类别：220kV 变压器
> 案例名称：在线监测装置检测 220kV 变电站变压器油色谱异常
> 技术类别：在线监测—油中溶解气体分析

一、 故障经过

某 220kV 变电站变压器于 1995 年 10 月 10 日投运，型号为 SFPSZ7‐120000/220，出厂日期 1994 年 1 月，至今已运行 20 余年。

2015 年 11 月 17 日，检测人员利用色谱在线监测装置对变压器进行数据观测时，发现变压器绝缘油色谱分析数据较前一天变化异常，并含有少量乙炔。

2015 年 11 月 20 日，将色谱在线监测数据与离线数据进行比对，两者之间特征气体含量相差不大。经过多天色谱在线监测装置数据监测，发现数据变化不大，并均未超过注意值，因此决定进行跟踪试验分析。

2016 年 3 月 18 日，在对变压器绝缘油进行离线分析时，发现总烃含量已增至 $208\mu L/L$，并于 2016 年 3 月 21 日和 2016 年 3 月 25 日对该变压器油样进行复测，除乙炔外，其他特征气体的含量均有增加，工作人员初步判断该主变压器内部存在过热故障，且温度有不断上升的趋势。

154

二、检测分析方法

1. 色谱在线监测

变压器于 2012 年 12 月安装色谱在线监测装置，变压器色谱在线监测系统型号为 MGA2000 - 6 PRO。

2015 年 11 月 17 日，检测人员在对变压器色谱在线监测装置进行数据观测时，发现变压器绝缘油色谱分析数据较前一天变化异常，并含有少量乙炔，但在规程规定的范围内，如表 1 所示。

表 1　　　　　　　变压器色谱在线监测数据汇总（μL/L）

日期	氢气	一氧化碳	二氧化碳	甲烷	乙烯	乙烷	乙炔	总烃
11 月 15 日	8.42	910	6105	20.04	0	6.10	0	26.14
11 月 16 日	7.79	960	6271	19.51	1.56	5.75	0	26.82
11 月 17 日	10.23	1020	7500	30.10	50.28	14.31	1.04	95.73
11 月 18 日	12.31	993	7504	32.10	100.30	15.14	1.21	148.75
11 月 19 日	12.28	997	7489	31.16	99.25	15.29	1.19	146.89
11 月 20 日	12.34	1021	7475	30.16	100.75	15.36	1.12	147.39
11 月 21 日	12.30	1009	7505	30.34	100.80	15.21	1.20	147.55
11 月 22 日	12.38	1001	7484	31.16	101.25	15.30	1.09	148.8
11 月 23 日	12.76	996	6971	30.97	101.32	14.98	1.17	148.44
11 月 24 日	12.69	1009	6859	31.07	102.01	15.01	1.04	149.13

2015 年 11 月 20 日，将色谱在线监测数据与离线数据进行比对，如表 2 所示。

表 2　　　　　色谱在线监测数据与离线数据比对（μL/L）

数据来源	氢气	一氧化碳	二氧化碳	甲烷	乙烯	乙烷	乙炔	总烃
色谱在线监测	12.34	1021	7475	30.16	100.75	15.36	1.12	147.39
离线检测	14.21	901	6140	31.06	100.25	16.01	1.26	148.58

通过比对发现，两者之间特征气体含量相差不大。经过多天色谱在线监测装置数据监测，发现数据变化不大，并均未超过注意值，因此决定进行跟踪试验分析。

2. 油中溶解气体气相色谱离线分析

自 2015 年 11 月 20 日起，检测人员针对变压器的异常情况开始进行每月一次的跟踪分析试验，2016 年 3 月 18 日进行分析时发现总烃含量已增至 208μL/L，2016 年 3 月 21 日和 2016 年 3 月 25 日对该变压器油样进行复测，监测数据如表 3 所示。

表 3

日期	氢气	一氧化碳	二氧化碳	甲烷	乙烯	乙烷	乙炔	总烃
11 月 20 日	14.21	901	6140	31.06	100.25	16.01	1.26	148.58
12 月 21 日	17.16	920	6174	34.20	106.41	16.28	1.30	158.19
1 月 20 日	21.26	915	6245	39.52	111.42	16.34	1.50	168.78
2 月 18 日	25.30	921	6250	40.01	116.92	16.85	1.74	175.52
3 月 18 日	30.80	913	6540	59.69	128.84	17.21	2.79	208.53
3 月 21 日	37.55	1049	6954	63.38	134.16	18.34	2.47	218.35
3 月 25 日	42.89	1152	7413	67.76	142.36	18.54	2.53	231.2

表 3 油中溶解气体气相色谱离线跟踪分析数据汇总（μL/L）

通过表 3 可以看出，该主变压器油中溶解气体含量除一氧化碳和二氧化碳外，其他特征气体的含量均在不断增加，根据改良三比值法编码规则（表 4）进行故障判断。

表 4 改良三比值法编码规则

气体的比值范围	比值范围的编码		
	C_2H_2/C_2H_4	CH_4/H_2	C_2H_4/C_2H_6
<0.1	0	1	0
0.1~1（不含）	1	0	0
1~3（不含）	1	2	1
≥3	2	2	2

根据 3 月 18 日的测量数据，可计算出

$$\frac{C_2H_2}{C_2H_4}=\frac{2.79}{128.84}\approx0.022$$

$$\frac{CH_4}{H_2}=\frac{59.69}{30.8}\approx1.938$$

$$\frac{C_2H_4}{C_2H_6}=\frac{134.16}{17.21}\approx7.795$$

根据表 4，可得出该设备油中溶解气体的三比值编码组合为 022，诊断故障类型为高于 700℃ 的高温过热故障，产生故障的主要原因有分接开关接触不良，引线夹件螺钉松动或接头焊接不良，涡流引起铜过热，铁芯漏磁，局部短路和层间绝缘不良，铁芯多点接地等。

三、隐患处理情况

保持跟踪监测，在线监测装置每日监测，试验室油色谱分析每周一次。

四、经验体会

（1）油中溶解气体组合含量分析是诊断变压器运行状态的一种快捷、方便、灵敏的手段，对于充油设备而言，定期开展油中溶解气体色谱分析对于监测充油设备的运行状态十分有效。

（2）通过主变压器色谱在线监测系统能够实时查看设备运行状况，对于存在异常情况的设备，通过色谱在线监测系能够第一时间发现，并可跟踪查看故障发展情况。

（3）通过比对油中溶解气体气相色谱离线分析数据与在线监测数据，可验证数据的准确性与可靠性，根据故障发展情况及时采取相应措施。

五、检测相关信息

检测用仪器：安捷伦 7820A 气相色谱仪，MGA2000‑6 PRO 变压器色谱在线监测系统。

 变压器油中溶解气体分析氢气超标

设备类别：35kV 变压器
案例名称：带电检测 35kV 变电站变压器油色谱异常
技术类别：带电检测—油中溶解气体分析

一、故障经过

某 35kV 变电站变压器于 2015 年 11 月进行增容改造，2015 年 12 月 30 日投运，型号为 SZ11‑20000/35，出厂日期 2015 年 10 月 31 日。

2015 年 12 月 30 日，变压器增容改造工作完成进行冲击送电，2015 年 12 月 31 日，检测人员在对变压器进行变压器投运后 24 小时油样跟踪分析时，发现变压器绝缘油色谱分析数据中氢气含量异常（413.98μL/L）。联系厂家后，厂家回复继续跟踪试验分析。

随后 2016 年 1 月 8 日和 2016 年 1 月 21 日对变压器油样进行油中溶解气体色谱分析，发现氢气含量持续增长，产气速率异常。2016 年 3 月 2 日检验发现氢气含量已达到 3538μL/L。

二、检测分析方法

1. 油中溶解气体气相色谱分析

自 2015 年 12 月 31 日起，检测人员针对变压器持续进行分析试验，2016 年 6 月 8 日进行分析时发现氢气含量已增至 3560μL/L，监测数据如表 1 所示。

　　　　　　　油中溶解气体气相色谱跟踪分析数据汇总（μL/L）

日期	氢气	一氧化碳	二氧化碳	甲烷	乙烯	乙烷	乙炔	总烃
2015 年 12 月 29 日（投运前）	15.76	2.97	237	0.37	0	0	0	0.37
2015 年 12 月 31 日（运行 24 小时）	413.98	3.67	294	0.88	0	0	0	0.88
2016 年 1 月 8 日	1682.39	6.08	369	1.17	0	0	0	1.17
2016 年 1 月 21 日	3016.7	9.56	297	1.86	0.57	0	0	2.43
2016 年 3 月 2 日	3538	16.06	233	2.46	0.86	0.54	0	3.86
2016 年 6 月 8 日	3560	40.18	368	3.51	1.3	0	0	4.81

通过表 1 可以看出，该变压器油中溶解气体含量除氢气外，其他特征气体的含量均在正常值范围内，根据改良三比值法编码规则（表 2）进行故障判断。

表 2 　　　　　　　　　　　　　改良三比值法编码规则

气体的比值范围	比值范围的编码		
	C_2H_2/C_2H_4	CH_4/H_2	C_2H_4/C_2H_6
<0.1	0	1	0
≥0.1~<1	1	0	0
≥1~<3	1	2	1
≥3	2	2	2

根据 6 月 8 日的测量数据，可计算出

$$\frac{C_2H_2}{C_2H_4}=\frac{0}{1.3}=0$$

$$\frac{CH_4}{H_2}=\frac{3.51}{3560}\approx0.001$$

$$\frac{C_2H_4}{C_2H_6}=\frac{1.3}{0}=\infty$$

根据表 2，可得出该设备油中溶解气体的三比值编码组合为 012，诊断故障类型为高于 700℃ 的高温过热故障，产生故障的主要原因有分接开关接触不良，引线夹件螺钉松动或接头焊接不良，涡流引起铜过热，铁芯漏磁，局部短路和层间绝缘不良，铁芯多点接地等。

2. 简化分析试验

2016 年 6 月 8 日对该主变压器绝缘油进行了简化及介质损耗分析试验，并与投运前分析数据进行了对比，对比数据如表 3 所示。

表 3　　　　　　　　　　　　　　简化分析试验数据对比

项目	2016 年 6 月 8 日数据	2015 年 12 月 29 日（投运前）数据
外部观察	正常	正常
游离碳（%）	无	无
机械杂质（%）	无	无
酸值	0.0028	0.0028
酸碱反应，pH 值	>5.4	>5.4
闪光点（℃）	142	145
耐压（kV）	54	60
介质损耗 tanδ（%）（90℃）	0.182	0.178
体积电阻率（$\Omega \cdot m$）（90℃）	879000000000	94900000000
微水（mg/L）	18.6	12.2

对油中出现的单纯的氢气超标而水分含量又在合理范围内的情况，进行了一段时间的跟踪试验。跟踪试验为色谱分析和微水分析，因为该设备为新设备，内部并无故障，故不应归入有绝缘缺陷之列。

3. 变压器油真空脱气处理

变压器投运前按照规程进行了试验，绕组变形试验、耐压试验、色谱等均正常，应认为变压器内部没有故障。投运后 24h 就发生氢气超标，当时天气一直良好，排除运行后受潮的可能。根据试验数据综合分析，初步诊断为变压器油受潮或者其内部材料与油发生化学反应，建议进行脱气处理。

6 月 14 日，工作人员对该变压器进行停电滤油脱气处理。从变压器器油箱底的放油阀充入干燥的氮气（压力为 0.4MPa），因为变压器的储油柜上部有一定的空间，这样，当氮气穿过油向上运动时便呈现一类似"水开沸腾"的现象，加速油中的气体（主要是氢气）从油内部跑出，然后，再将真空胶管接到变压器储油柜顶部的加油阀上，用真空泵抽真空数小时即可。连接方法如图 1 所示。

变压器绝缘油处理后于 6 月 16 日再次投入运行。油中溶解气体色谱分析数据如表 4 所示。

表 4　　　　　　　油中溶解气体气相色谱跟踪分析数据汇总（μL/L）

日期	氢气	一氧化碳	二氧化碳	甲烷	乙烯	乙烷	乙炔	总烃
6 月 15 日	7.32	13.35	109.7	0.2	0	0	0	0.2
6 月 16 日	29.77	8.08	118	0.47	0	0	0	0.47
6 月 17 日	39.12	2.67	100	0.33	0	0	0	0.33

通过表 4 可以看出，变压器绝缘油经滤油脱气处理再次投运后，运行正常，各特征气体含量均在正常值范围内。此后将对此变压器油进行持续跟踪，关注特征气体中氢气的变化情况。

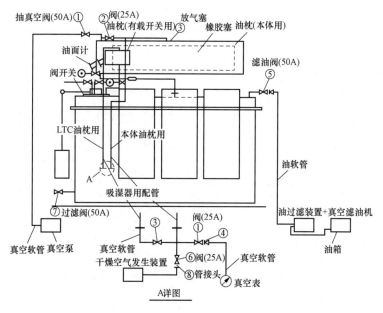

图 1　变压器真空脱气示意图

①—TA；②—真空泵；③—氮气瓶；④—阀门；⑤—氮气压力表；⑥—阀门；⑦—气泡；⑧—变压器油

三、经验体会

（1）油中溶解气体组合含量分析是诊断变压器运行状态的一种快捷、方便、灵敏的手段，对于充油设备而言，定期开展油中溶解气体色谱分析对于监测充油设备的运行状态十分有效。

（2）对新建、技改、大修工程，应加强在产品供货阶段的技术监督，杜绝因生产环节出现的质量问题产品投入电网运行。

（3）按规程开展新投运变压器油中溶解气体 1、4、10、30 天跟踪分析工作，可以及时发现变压器早期运行隐患，确保电网运行的可靠性。

四、检测相关信息

检测用仪器：安捷伦 7820A 气相色谱仪。

 变压器有载分接开关室绝缘油微水、耐压不合格

设备类别：35kV 变压器
案例名称：带电检测 35kV 变电站变压器油色谱异常
技术类别：带电检测—简化试验

一、 故障经过

2010 年 6 月 10 日,按照试验周期,对某变电站变压器有载分接开关的绝缘油进行试验,发现油的耐压值为 19kV,微水含量 97μL/L,均严重超标,初步判断分接开关密封不良,有进水的可能。立即将变压器停电,打开分接开关头盖,发现油室内部存在进水现象,分接开关芯体严重锈蚀。对分接开关进行打压检漏,漏水点位于分接开关储油柜侧面的法兰,由于密封垫局部脱落所引起的。对密封垫重新安装,分接开关解体检修并返厂干燥,油室、储油柜、油流速动继电器及管路清洗烘干后,重新安装调试合格,投入运行正常。

变压器型号为 SFSZ9-50000/110,出厂日期为 2003 年 4 月,投运日期为 2003 年 6 月。变压器有载调压器型号为 MIII350Y-72.5B-10193W,2002 年生产。

二、 检测分析方法

2010 年 6 月 10 日,按照试验周期,对变压器有载分接开关绝缘油进行试验,试验不合格,数据见表 1。

表 1   绝缘油试验报告

日期	2010 年 6 月 10 日	温度	18℃
	测试值		标准值
击穿电压 (kV)	19		≥30
含水量 (μL/L)	97		≤40
结论		不合格	

初步判断分接开关密封不良,有进水的可能,立即申请了主变压器停电。对分接开关油室放油,在将要排净时,发现油泵的管路内有明显的水滴,打开分接开关头盖,芯体支撑板上有大量水珠(见图 1),芯体金属件严重生锈(见图 2)。吊芯后,发现开关油室底部的残油中有大量水珠聚集(见图 3),开关油室与储油柜的管路中也发现了水珠,

图 1 芯体支撑板上有水

为典型的分接开关密封不良进水缺陷。将头盖重新安装、呼吸器管路密封,向油室内施加 0.035MPa 的压力进行检漏,发现漏点位于油枕侧面的法兰处,打开法兰发现斜上方约 6cm 的密封垫明显下沉,安装位置不正确,发生漏油,储油柜底部有大量集污(见图 4)。

图2　芯体金属件生锈

图3　开关油室底部残油有水

图4　储油柜底部集污

三、隐患处理情况

对密封垫重新安装，油室、储油柜、油流速动继电器及管路进行清洗烘干，联系厂家人员对分接开关进行解体检修并返厂干燥（见图5、图6），重新安装合格后，向油室内施加0.035MPa的压力进行12h检漏无异常，绝缘油试验合格，数据见表2，变压器直阻试验、绝缘电阻测试、开关特性试验均合格，投入运行后，运行正常。

表2　　　　　　　　　　　　　　绝缘油试验报告

日期	2010 年 6 月 10 日	温度	18℃
	测试值		标准值
击穿电压（kV）	48		≥30
含水量（μL/L）	15		≤40
结论	合格		

图5　分接开关解体检修（一）　　　图6　分接开关解体检修（二）

四、经验体会

(1) 此次缺陷发生后,由于分析、处理及时,使缺陷在短时间内得以消缺,有效避免了一次由于分接开关密封不良进水,造成绝缘降低引发的变压器故障。

(2) 变压器在安装和检修过程中,一定要严格执行检修规程和工艺标准,不得漏项,特别是变压器的密封试验,可以有效避免由于密封不良进水短路而引起的变压器故障。

[案例七] 变压器油中含气量异常增加发现蝶阀密封性破坏

设备类别:220kV 变电站变压器
案例名称:变压器油中含气量异常增加案例
技术类别:带电检测—油中溶解气体分析

一、故障经过

2015 年 12 月 14 日,检测人员对某 220kV 变电站变压器本体油进行油色谱分析例行试验,经数据分析怀疑油中含气量超标。由于缺陷位置为 220kV 主变压器设备,如缺陷恶化导致运行中设备故障,会造成该地区重大负荷损失,构成五级电网事件。

为避免事故发生,2015 年 12 月 15 日,检测人员及时对该变压器进行巡视,经外观检查发现油位指示器显示正常,2 号散热器上方法兰处有轻微渗油油污,用望远镜观察气体继电器中存有少量气体。经现场初步分析,该变压器内部气体产生大致有三个原因:①存在外部进气源,通过潜油泵的负压区进入本体内部;②储油柜内变压器油过少,导致气体继电器内存有空气,指示器显示的油位为假油位;③本体内部绝缘件存在受潮情况,产生烃类故障气体。对变压器油以及瓦斯内气体进行取样并进行油色谱分析试验,确为含气量超标,最终判断故障原因为存在外部进气源。

检修人员 12 月 23 日对 1 号变压器 2 号散热器渗油部位进行处理,同时申请 2016 年该变压器返厂大修项目计划。

二、检测分析方法

2015 年 12 月 14 日,检测人员对变压器本体油进行油色谱分析例行试验,经脱气振荡后脱气量 4.8mL(一般 220kV 变压器脱气量不超过 2mL),经油色谱分析,H_2、CO 及各烃类气体含量均未见异常,仅 CO_2 含量与上次试验数据相比有明显增长,且图谱通道 2、通道 3 中空气峰明显偏大,虽然空气峰数值规程中不作要求,但与历史数据比较明显增大,因此怀疑该变压器的绝缘油存在异常。

油色谱分析具体数据见表 1。

表1   变压器油色谱分析数据（µL/L）

试验日期	2015. 12. 14	2015. 06. 14	2014. 12. 17
氢气 H_2	14	10	7
一氧化碳 CO	709	674	696
二氧化碳 CO_2	5680	2246	2533
甲烷 CH_4	15	14	11
乙烯 C_2H_4	1.7	1.9	2.1
乙烷 C_2H_6	2.4	2.2	1.9
乙炔 C_2H_2	0	0	0
总烃 C_1+C_2	19.1	18.1	15.0

对比谱图见图1。

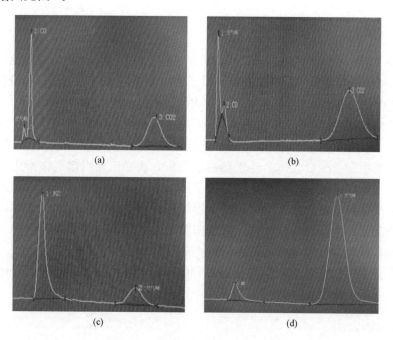

图1 变压器主体油色谱分析图谱

（a）2015年6月通道2谱图；（b）2015年12月通道2谱图；（c）2015年6月通道3谱图；
（d）2015年12月通道3谱图

该变压器为强油循环变压器，现场2号、4号散热器处于工作位置，1号、3号散热器处于备用位置；主变压器储油柜为外油式波纹管储油柜，油位显示处于3.5位置，显示储油柜内有油。现场工作人员对变压器进行带电补油，发现油位指示正确，排除储油柜缺油的可能。

对气体继电器中气体进行色谱分析试验，换算后与主变压器本体油结果基本吻合，因此判断继电器内非故障气体为空气，排除变压器内部绝缘受潮的可能。

气体继电器气样色谱具体数据见表2。

表2 气体继电器气样色谱数据

溶解气体（μL/L） \ 试样名称	变压器本体油	变压器气体继电器气样	继电器气体换算到绝缘油理论值
氢气 H_2	14	270	16
一氧化碳 CO	709	612	733
二氧化碳 CO_2	5680	5514	5312
甲烷 CH_4	15	37	14
乙烯 C_2H_4	1.7	1.1	1.6
乙烷 C_2H_6	2.4	1.0	2.3
乙炔 C_2H_2	0	0	0
总烃 C_1+C_2	19.1	39.1	17.9

经以上检测分析，判断该变压器内部气体产生原因可能为存在外部进气源，现场对变压器进行外观检查，发现2号散热器上方法兰处有轻微渗油油污，为疑似进气源。

该变压器型号为SFPS9-150000/220，2010年投运。检测人员对变压器油进行综合检测，主要针对含气量进行检测，见表3。

表3 变压器油试验报告

项目号	试验项目		试验数据		
	牌号		10	25	45
1	外观		透明、无悬浮物和机械杂质		
2	密度（20℃），kg/m³，不大于		895		
3	运动黏度（mm²/s）	+40℃ 不大于	13	13	11
		−10℃ 不大于	—	200	—
		−30℃ 不大于	—	—	1800
4	倾点（℃）	不高于	−7	−22	报告
5	凝点（℃）	不高于	—	—	−45
6	闪点（闭口），（℃）	不低于	140	135	
7	酸值（mgkOH/g）	不大于	0.03		
8	腐蚀性硫		非腐蚀性		

项目号	试验项目		试验数据	
9	氧化安定性: (1) 氧化后的沉淀 不大于 (2) 氧化后的酸值 (mgkOH/g) 不大于		0.2 0.05	
10	水溶性酸或碱		无	
11	气体色谱分析 (μL/L)	项目	N_2	31665.73
			O_2	6471.42
			H_2	11.91
			CO	882.08
			CO_2	15103.48
			CH_4	14.93
			C_2H_6	2.66
	含气量: 5.42%		C_2H_4	2.67
			C_2H_2	0
			总烃	20.26

根据规程 DL/T 703—2015《绝缘油中含气量的气相色谱测定法》要求，参考 330kV 运行中变压器油中含气量不得超过 3%，该变压器含气量 5.42% 已超出注意值，且气体继电器内确为空气。

三、隐患处理情况

检修人员对该变压器内部进气缺陷采取以下处理措施：

(1) 为防止进气源使变压器内部进入除空气以外的水分等杂质或进一步产生故障气体，充分利用油色谱在线监测装置对其油色谱进行跟踪，发现异常及时处理。

(2) 公司调度安排于 12 月 23 日将变压器三侧断路器停电，检修人员对渗油部位进行处理，通过现场仔细勘察，判断渗油位置在 2 号散热器上部的蝶阀处，具体位置如图 2、图 3 所示。

图 2　渗油位置　　　　　　图 3　2 号散热器上部的蝶阀处漏油

检修人员将该蝶阀拆卸，经检查，该蝶阀表面布满油污，已严重老化，胶垫已失去弹性，造成松动渗油，该处处于主油路管道，在强油循环时容易形成负压区导致外部空气通过渗油部位进入变压器内部，造成含气量超标。检修人员对该蝶阀进行了更换和紧固处理，渗油缺陷消除。图4为拆下的旧蝶阀。

图 4　拆下的旧蝶阀

该变压器的四组散热器中1号、2号散热器处运行状态，另两组备用，由于天气寒冷，散热压力不大，为防止渗油缺陷复发导致故障扩大，检修人员将2号散热器退出运行。

缺陷位置处理后，对气体继电器进行为期2周的跟踪，未发现存有气体。

对该变压器持续加强观察监测，为确保运行正常，提报2016年返厂大修计划重点项目。

四、经验体会

（1）油色谱分析是监测变电设备运行状态、诊断绝缘故障的有效手段，具有分析速度快、分离效能高、选择性高等优点，应加强变电设备油色谱分析应用，严格按照状态检修规程开展周期试验。

（2）从本案例来看，色谱分析时大多只注意特征气体的数值而忽略所显示空气峰的高低变化，容易忽略油中含气量的变化，在以后检测时要注意该类情况。我们也要加强油色谱分析培训，切实提升试验专业油色谱分析操作技能，确保全员掌握综合分析判断的方法，提高电气试验工作成效。

（3）运维、检修人员加强设备巡视力度和精度，常态化开展各类带电检测工作，有针对性地进行故障隐患排查，对发现的问题及时上报处理。

五、检测相关信息

检测用仪器：ZF-301气相色谱仪。

　变压器油色谱在线监测装置检测发现局部放电

设备类别：220kV变压器
案例名称：220kV变压器油色谱在线监测检测气体组分超标
技术类别：油色谱在线监测

一、 故障经过

变压器运行过程中油色谱在线分析数据均在合格范围，投运后历次试验数据均合格。2015 年 1 月 22 日 8 时 6 分，变压器本体发轻瓦斯动作信号，运维及检修人员到现场对气体继电器进行检查，现场检查没有发现气体继电器内有气体（实际有气体，从下面看不到）。9 时，检测人员查看变压器油色谱在线监测系统，发现 8 时 48 分 变压器油色谱数据正常（在线监测系统自动采集的数据有滞后性）。

变压器是 1996 年 9 月 25 日出厂，型号为 SFPS7 - 150000/220，容量 150MVA，1997 年 11 月 21 日投运，在 2011 年 11 月 7 日返厂大修后重新投入使用，装备油色谱在线监测装置。

二、 检测分析方法

1. 变压器油色谱分析方法

变压器轻瓦斯报警后，第一时间通过油色谱在线监测系统手动抓取数据分析，同时由检测人员人工采集变压器油进行色谱分析，并将变压器之前色谱分析数据，同时进行数据采集检测，分别得到色谱分析数据如表 1 所示。

表 1   220kV××站变压器油色谱历次数据

设备名	变压器	电压等级	220	容量	150MVA	油重（t）		油种	2
制造厂	××	油保护方式	1	进样量	1	投运日期		2011 年 5 月 30 日	
试油体积	40m³	出厂序号				出厂年月		2011 年 5 月 30 日	
取样条件	取样日期	2015 年 1 月 21 日		2015 年 1 月 22 日		2015 年 1 月 23 日		2015 年 1 月 30 日	
	分析日期	2015 年 1 月 21 日		2015 年 1 月 22 日		2015 年 1 月 23 日		2015 年 1 月 30 日	
	油温（℃）	50		50		50		50	
	负荷（MVA）	0		0		0		0	
	相别								
组分含量（μL/L）	H_2	8.83		163.79		223.95		278.15	
	O_2	0		0		0		0	
	N_2	0		0		0		0	
	CO	192.42		228.51		223.16		243.68	
	CO_2	726		417.84		345.21		0	
	CH_4	4.46		55.44		58.69		71.51	
	C_2H_4	3.34		63.24		66.97		84.49	
	C_2H_6	1.36		8		6.95		11.66	
	C_2H_2	0		112.13		122.98		151.2	
	总烃	9.16		238.81		255.59		318.86	
氢气增长（μL/L）									
总烃增长（μL/L）									

设备名	变压器	电压等级	220	容量	150MVA	油重（t）		油种	2
总烃产气率（mL/d）		0		1.85		1.91		2.36	
试验报告编号									
分析意见		含量未发现异常		总烃、C_2H_2、H_2含量超过注意值。三比值：$1：0：2$，电弧放电		总烃、C_2H_2、H_2含量超过注意值		总烃、C_2H_2、H_2含量超过注意值	

在 2015 年 1 月 21 日及之前，变压器中各项指标均在正常范围内，之后油中各项指标含量迅速升高。同时根据三比值法可以得出初步结论：变压器内存在电弧放电。

2. 变压器常规试验

确定变压器内部存在故障后，1 月 23 日对变压器进行停电常规试验。开展的试验项目如表 2 所示。

表 2　　　　　　　　　　　　变压器常规试验类型

试验项目	试验结果	检测内容	结果分析
直流电阻	合格	绕组本体情况及和各部位焊接质量和分接头接触情况	绕组本身情况及各部位接触良好
变比试验	合格	分接开关位置、出线端子是否正确及是否存在匝间短路	分接开关和出线端子正常，且不存在匝间短路
套管和绕组介质损耗	合格	变压器整体是否受潮、绝缘纸是否劣化、绕组上是否附有油泥及严重绝缘缺陷等	变压器整体绝缘状况良好（在 10kV 电压下）
绝缘电阻试验	合格	变压器绝缘整体受潮、部件表面受潮或脏污以及贯穿性集中缺陷	在试验电压为下未检测出上述问题
泄漏电流	合格	变压器瓷质绝缘的裂纹、夹层绝缘的内部受潮及局部松散断裂及绝缘劣化等	在试验电压为下未检测出上述问题
绕组变形	合格	变压器绕组是否存在尺寸变化、器身位移、绕组扭曲、鼓包和匝间短路等	变压器绕组未发生变形

常规试验的试验结果，可以初步证明变压器绕组以及分接开关等部位不存在变形和接触不良等问题，同时可以基本排除套管本体的缺陷。但是常规试验的试验电压一般不会超过 10kV，无法模拟正常运行电压下的设备运行状况，对于某些绝缘缺陷无法准确侦测到，因此还不能完全排除设备本身绝缘不存在缺陷。

3. 变压器高压局部放电试验方法

检测人员分别对 A、B、C 相进行变压器局部放电试验。

对 A 相进行试验时，在 $1.3U_m/\sqrt{3}$ 电压下，高、中压侧视在局部放电量分别为 130pC 和 160pC，A 相试验合格。

对 B 相进行试验，高压侧背景值为 120pC，中压侧为 200pC，高、中压侧传递比为 $1000：420$，重新升压至 $1.3U_m/\sqrt{3}$ 时，高压侧视在局部放电量为 1200pC 左右，中压侧视在局部放电量为650pC左右，并且在中压侧B、C相之间能听到较明显的变压器内部"吱吱吱"的放电声，用超声波定位该处放电信号也很强。

对C相进行试验，高、中压侧传递比为1000：420，当电压升至24.1kV时开始出现局部放电信号，电压升至$1.3U_m/\sqrt{3}$时，高、中压侧视在局部放电量分别为2200pC及1000pC，升至$1.5U_m/\sqrt{3}$时，高、中压侧视在局部放电量分别为4200pC及1900pC左右，且局部放电图谱的密度和幅值都很大，说明变压器内部存在较严重的绝缘缺陷。

根据高、中压侧的传递比及局部放电量基本确定中压侧的局部放电信号是由高压侧传递过去的，放电点应在C相高压侧附近；又根据人耳能听到的声音及超声波定位基本确定放电点为C相靠近中压侧部位的高压侧绕组部分有较严重的绝缘缺陷。

因为在对B相加压时，A相和C相承受一半的电压，同时视在放电量也会有大约一半的干扰，考虑到B相和C相得视在放电量大约为一半的关系，因此B相视在放电量偏高的原因是由于受到C相影响，不是B相本身问题。

4. 变压器超声局部放电带电检测方法

2015年1月22日，通过色谱在线监测系统手动采集进行分析后发现数据异常，电气检测人员同时进行了变压器超声波局部放电带电检测，在检测中发现C相高压侧和中压侧套管下方附近有放电现象，波形如图1所示。

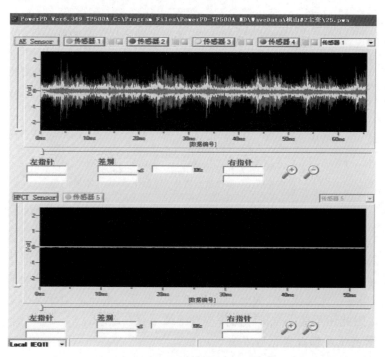

图1　变压器超声局部放电检测波形

为排除变压器潜油泵，对潜油泵进行超声局部放电检测，波形正常，无放电信号。

在省电科院人员对变压器进行变压器局部放电试验的同时，高压试验班开展超声局部放电检测，结合局部放电量进行可能产生故障的区域进行重点检测和定位。

对 B 相进行加压时，把探头同时放置在 B 相高压侧和中压侧进行超声局部放电检测得到波形如图 2 所示。

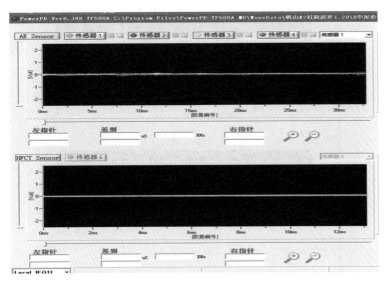

图 2　变压器 B 相超声局部放电检测波形

对 C 相进行加压时，可以听到变压器内部有明显放电声，同时发现 C 相高压侧的变压器局部放电量超出规程要求的 500pC，在 C 相高压侧套管下方放置传感器探头，得到波形如图 3、图 4 所示。

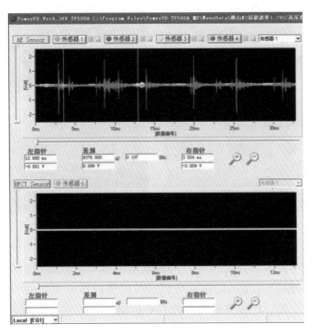

图 3　高压侧 C 相在 1.1 倍相电压下的局部放电波形

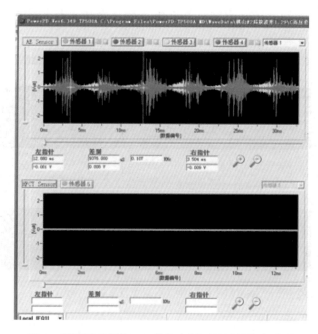

图 4　高压侧 C 相在 1.3 倍相电压下的局部放电波形

传感器探头安放位置如图 5 所示。

图 5　变压器超声局部放电探头位置

同时再次对 B 相套管下方进行超声局部放电检测，得到超声波形如图 6 所示。

通过图 6，同时结合变压器局部放电试验放电量，可初步判断 B 相局部放电量偏高极有可能是受 C 相影响，B 相本身基本不存在问题。

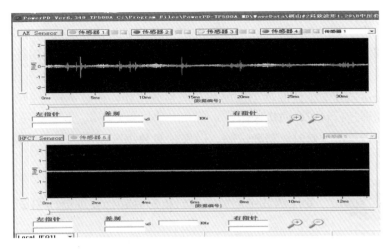

图 6　变压器 C 相加压时的 B 相超声局部放电波形

三、 隐患处理情况

在进行变压器放油前，检修人员对变压器绝缘、夹件绝缘情况进行了检查并做好记录。随后，检修人员对变压器本体进行了快速放油，直至放空，打开人孔门盖板及高压 B 相、C 相的手孔盖板，进入变压器内部，重点对高压 B 相、C 相的内部连线及开关连线表面、连接位置以及各部位的绝缘进行检查，结果发现 C 相围屏存在严重烧蚀（如图 7 所示），线圈没有发现放电痕迹。

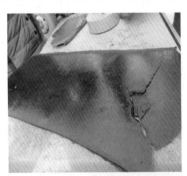

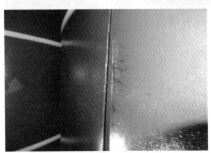

图 7　变压器高压侧 C 相围屏

四、 经验体会

(1) 加强主变压器驻厂监造工作，在变压器出厂前及返厂大修期间做好监护工作，尤其是抓好关键点和关键试验的全程监护，确保变压器无缺陷出厂。

(2) 进一步做好变压器的带电检测和在线检测工作，通过不停电的状态检测，及时了解主变压器运行状况，防患未然。

(3) 变压器停电试验时，精确试验，做好试验数据分析工作，及时发现异常数据和不合格数据，从而便于进一步处理。

[案例九]　变压器油中溶解气体分析总烃超标发现低压引线过热

设备类别：110kV 变压器
案例名称：110kV 变压器油色谱异常检测分析
技术类别：带电检测技术—油中溶解气体分析

一、 故障经过

某变压器型号为 SFSZ9 - 31500/110，属三绕组自然油循环风冷类型设备，于1999 年 11 月 11 日投运。2015 年 7 月 10 日，检测人员进行变压器油色谱试验时发现乙烯含量明显增长，导致总烃含量超标；7 月 11 日、7 月 13 日、7 月 21 日分别对油色谱进行复测，乙烯及总烃含量依然异常且有缓慢增长趋势。经分析研究，导致乙烯含量明显增长的原因主要有铁芯多点接地造成环流或主变压器本体存在局部过热情况；随后进行了变压器铁芯接地电流测试，结果正常，排除了铁芯多点接地的可能性。7 月 23 日，检测人员对变压器本体开展全面测温，测试过程中发现 10kV 低压侧 B 相套管整体温度偏高，局部发热点温度达 100℃以上，而其他两相套管本体温度均为 50℃左右。综合上述各类试验数据及测试情况，并与省电科院技术人员进行充分讨论后，初步判断变压器 10kV 低压侧 B 相套管局部过热导致乙烯及总烃含量持续增加。为了尽快消除缺陷避免变压器事故发生，变电检修室将该情况汇报市公司运检部并申请停电处理。7 月 24 日，变压器由运行转为检修状态。检修人员将10kV 低压侧 B 相套管拆除后发现套管内部导体连接处紧固螺栓松动且导体表面发热变黑，随后对导体各对接部位进行紧固处理，将表面氧化层去除，并全面检查套管导体与绕组引线连接状况、机械位置以及绕组引线是否弯曲等问题；同时进行变压器本体绝缘油循环过滤，去除杂质、水分及气体成分。缺陷消除后，变压器于 7 月28 日投入运行，隔日进行红外测温和油色谱试验，测试正常。多种带电检测手段联合诊断分析，及时发现并消除了一起变压器重要缺陷，避免了电网停电及设备损坏事故的发生。

二、 检测分析方法

1. 油色谱分析

2015 年 7 月 10 日，检测人员进行变压器油色谱例行试验时发现乙烯成分含量较 2014 年 10 月份试验数据有明显增长，相应总烃含量也大幅增加且超过 $150\mu L/L$ 的规程标准，其他气体成分无明显变化。变电设备正处于迎峰度夏关键时期，该问题立即引起检测人员的高度重视。为了排除仪器误差、人为操作等因素影响，检测人员分别于 7 月 13 日、7 月 21 日取油样进行色谱复测及油质简化试验，并严格把关每一个试验环节，结果显示乙烯及总烃含量依然异常且有缓慢增长趋势（见表 1、表 2）。

表 1   变压器油色谱试验数据

单位（µL/L） 设备名称	H_2	CO	CO_2	CH_4	C_2H_4	C_2H_6	C_2H_2	烃总和	试验日期
110kV 变电站 变压器	3.68	207	5151	6.736	41.765	5.968	0	54.469	2014—4—22
	4.26	222	5650	7.532	43.25	6.205	0	56.987	2014—10—15
	24	207	5191	47.012	162.647	18.486	0.776	228.921	2015—7—10
	24.514	208	5239	50.285	169.746	19.681	0.805	240.517	2015—7—13
	23.147	206	5235	50.183	177.060	19.719	0.803	247.765	2015—7—21

表 2   变压器油质简化试验数据

设备名称		2 号主变压器	
试验日期		**2015 年 7 月 13 日**	
介损 tanδ（90℃）（%）	0.00134	水溶性酸（pH 值）	5.6
击穿电压（kV）	62.3	酸 值（mgKOH/g）	0.015
微水（mg/L）	19.4	闪点（闭口）（℃）	166.1
机械杂质	无	游离碳	无
结论		合格	

表 1 显示，在近期几次跟踪分析的色谱试验数据中，乙烯含量由 $162.647\mu L/L$ 逐渐增长到 $177.060\mu L/L$，相应总烃含量也由 $228.921\mu L/L$ 增至 $247.765\mu L/L$，而其他气体含量基本保持稳定。表 2 中油质简化试验各项数据均合格，表明了该主变压器油质性能无异常情况。

当变压器发生过热故障时，较易产生乙烯、甲烷及氢气等特征气体；当故障热点是金属过热时，故障温度促使绝缘油热解而产生乙烯、甲烷为主的低分子烃类气体。随着温度升高至中温过热（500℃左右）阶段时，乙烯组分含量急剧增加。变压器油色谱数据中乙烯含量增长明显，应属铁芯多点接地导致磁路过热或导体接点接触不良引发导体过热进而产生该特征气体。

2. 铁芯接地电流测试

为了排查主变压器铁芯接地异常，检测人员于 7 月 13 日进行了铁芯接地电流测试，并与历年数据比较，测试结果显示接地电流正常且无明显变化趋势（见表 3），排除了铁芯多点接地造成环流导致主变压器内部发热的情况。

表 3   变压器铁芯接地电流测试结果

测试日期	天气	温/湿度	铁芯接地电流（mA）	夹件接地电流（mA）	备注
2014 年 7 月 16 日	晴	30℃/40%	1.9	无	合格
2015 年 7 月 13 日	晴	35℃/40%	1.5	无	合格

3. 变压器红外测温

2015 年 7 月 23 日，检测人员开展了变压器本体红外测温，测试过程中发现 10kV 低压侧 B 相套管整体温度偏高，局部发热点温度达 100℃以上，而其他两相套管本体温度均为 50℃左右。图 1 为红外测温情况。

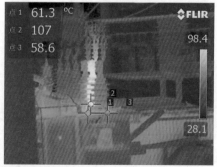

图 1　红外测温情况

图谱中 10kV B 相套管整体发热明显，多点温度高于 100℃，其他两相及 35kV 侧三支套管均无明显发热点。10kV B 相套管整体发热而非局部过热，应属内部导体过热导致绝缘油温度升高并传导至套管，而不是套管本身缺陷造成的。

在变压器本体测温过程中，除了 10kV 侧 B 相套管明显发热外，没有发现其他局部过热情况。变压器本体测温情况如图 2 所示。

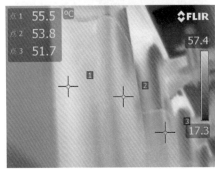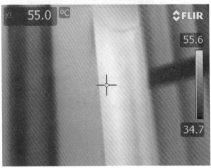

图 2　变压器本体测温情况

综合上述各类试验数据及测试情况，并与省电科院技术人员进行充分讨论后，初步判断 2 号主变压器 10kV 低压侧 B 相套管局部过热导致乙烯及总烃含量持续增加。

三、　隐患处理情况

为了尽快消除缺陷避免变压器事故发生，变电检修室将该情况汇报市公司运检部并申请停电处理。7 月 25 日，变压器由运行转为检修状态。在套管拆除前，检测人员进行了低压侧绕组直流电阻测试，结果显示 ab、bc 线间直阻值较 ac 直阻值偏大，见表 4。

表 4　　　　　　　　　　　　变压器低压侧直阻测试数据

ab（mΩ）	bc（mΩ）	ca（mΩ）	不平衡率（%）
14.44	14.27	10.26	3.22

从表中数据可知，ab、bc 直阻值均比 ac 直阻值大 4mΩ 左右，直阻互差达到了 3.22%。根据输变电设备状态检修试验规程要求：1.6MVA 以上变压器，无中性点引出的绕组，线间差别不应大于三相平均值的 1%。对于三角形接线方式的低压绕组，线间电阻互差值 3.22% 已明显超标。

ab、bc 值同时比 ac 值偏大，也说明了导致电阻偏大的结构部位不在绕组本身，而在 B 相套管内部导体部分上；导体连接部位接触不良等问题导致接触电阻增大，造成 ab、bc 值偏大。

通过现场试验进一步确认该问题后，检修人员将 10kV 低压侧 B 相套管拆除后发现套管内部导体连接处紧固螺栓松动，导体表面发热。同时将A相套管拆除进行对比，发现B相导体表面较A相明显变黑，见图3、图4。低压侧负荷电流较大，产生较强的电动力；导体螺栓紧固不到位，在电动力的长期作用下逐渐松脱，造成接触电阻增大，进而导致局部发热。

图3　B相套管内部导体发热变黑

图4　10kV A相套管内部导体表面光亮

检修人员将导体各对接部位进行了紧固处理，将表面氧化层去除，并全面检查套管导体与绕组引线连接状况、机械位置以及绕组引线是否弯曲等问题；同时进行主变压器本体绝缘油循环过滤，去除杂质、水分及气体成分，见图5。

图5　现场消缺处理

缺陷消除后，重新进行变压器低压侧绕组直阻测试，线间电阻互差值为 0.79％，小于 1％标准，结果合格，见表 5。

表 5 消缺后主变压器低压侧直阻测试数据

ab（mΩ）	bc（mΩ）	ca（mΩ）	不平衡率（％）
10.15	10.16	10.23	0.79

变压器恢复安装并重新注油后进行了本体常规试验，各试验项目均合格。2015 年 7 月 28 日主变压器投入运行，两天后取油样进行色谱分析，结果正常（见表 6）；同时开展红外测温（见图 6），温度正常，无过热现象。

表 6 消缺后变压器油色谱分析数据

单位（μL/L） 设备名称	H_2	CO	CO_2	CH_4	C_2H_4	C_2H_6	C_2H_2	烃总和	试验日期
变压器	3.076	23.336	870	3.914	15.1	1.774	0.092	20.88	2015 年 7 月 30 日

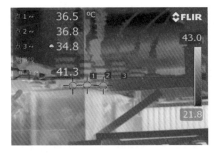

图 6　消缺后红外测温情况

多种带电检测手段联合诊断分析，并结合停电试验测试，及时发现并消除了一起变压器重要缺陷，避免了电网停电及设备损坏事故的发生。

四、 经验体会

（1）变压器油色谱试验是诊断变压器运行状态及内部过热、放电等缺陷的重要检测手段。严格执行变压器色谱分析计划，确保不超试验周期。对于油色谱数据异常情况，要加强检测，跟踪分析，观察各特征气体变化趋势；并适时结合红外测温、超声局部放电检测等带电测试手段进行诊断分析。

（2）严格执行红外测温规程标准要求，加强红外检测。在迎峰度夏、迎峰度冬以及重要节日保电期间开展红外测温特巡工作，确保发热缺陷得到及时发现和消除。

（3）常态化开展变电设备带电测试工作，制定有效的测试方案，并有针对性地进行故障排查；对发现的问题应及时分析，并根据实际情况结合停电进行处理。

（4）坚持逢停必检原则，利用停电机会，进行绝缘子清扫、防锈处理、螺栓紧固、零部件更换等设备维护措施，保证设备零缺陷投运。

五、 检测相关信息

　　检测用仪器：ZF‐301A 油色谱分析仪；FLIR 红外热像仪；MCL‐1100D 铁芯接地电流测试仪。

第六章　变压器其他部件检测异常典型案例

[案例一]　变压器铁芯绝缘电阻检测发现内部多点接地

设备类别：220kV 变压器
案例名称：铁芯多点接地检测案例
技术类别：停电例行试验—绝缘电阻试验

一、故障经过

某 220kV 变电站变压器于 2012 年 5 月返厂大修后投运。2016 年 4 月 8 日，进行变压器例行试验，变压器直流电阻、套管介质损耗和绝缘电阻、绕组戒指损耗和绝缘电阻的数据均符合规程要求，数据无异常。在测量铁芯绝缘电阻时发现铁芯绝缘电阻位 0.02MΩ，检测人员怀疑变压器铁芯多点接地。

二、检测分析方法

1. 绝缘电阻测量

检测人员断开铁芯接地线，用 2500V 绝缘电阻表对铁芯绝缘电阻测试，如图 1 所示。发现铁芯绝缘电阻位 0.02MΩ，阻值特别小，且绝缘电阻表的电压仅能加到 72V。检测人员判定铁芯存在多点接地故障。

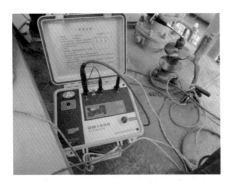

图 1　变压器例行试验铁芯绝缘电阻测量

为查明铁芯多点接地的原因，变电检修室安排变压器检修人员于 4 月 8 日晚 17：30 开始，开启变压器潜油泵，利用油循环消除变压器铁芯接地点，判断造成铁芯多点接地是否是油泥形成的连桥。在变压器油循环 15 小时后，4 月 9 日再次测量变压器铁芯绝

图2　变压器油循环后绝缘电阻测量

缘电阻为 0.11MΩ，绝缘电阻有增大趋势，但绝缘电阻值仍较小。绝缘电阻表的输出为 191V，远远小于 2500V，如图 2 所示。变压器铁芯仍存在多点接地情况。

2. 直流电阻分析

4 月 8 日，检测人员进行了变压器直流电阻测试，判断铁芯多点接地的故障部位是否在电器回路内。测试数据如表 1 所示。

表 1　　　　　　　　　　　　　　变压器直流电阻测试数据

高压直阻	AO（mΩ）	BO（mΩ）	CO（mΩ）	三相不平衡度（%）
1 分接	437.5	436.4	439.2	0.64
2 分接	430.5	428.9	431.8	0.51
3 分接	423.5	422.6	425	0.57
4 分接	416.6	416.8	418.1	0.36
5 分接	409.7	409.6	411.2	0.39
6 分接	403	402	404.6	0.65
7 分接	395.9	394.7	397.4	0.68
8 分接	389.1	388.2	390.6	0.62
9 分接	381.3	380.1	382	0.52
10 分接	389.3	388.3	390.6	0.59
11 分接	396.2	395.3	397.7	0.61
12 分接	403.1	402.7	404.5	0.45
13 分接	410	409	411.5	0.61
14 分接	416.9	416.1	418.5	0.55
15 分接	423.8	422.6	425.2	0.54
16 分接	430.7	429.7	432	0.54
17 分接	437.6	436	439	0.69
中压直阻	AmO（mΩ）	BmO（mΩ）	CmO（mΩ）	三相不平衡度（%）
	102.7	102.9	102.8	0.19
低压直阻	ab（mΩ）	bc（mΩ）	ca（mΩ）	三相不平衡度（%）
	26.43	26.5	26.6	0.64

从表 1 中数据可以看出，变压器直流电阻满足 1.6MVA 以上变压器，各相绕组电阻相间的差别不应大于三相平均值的 2%（警示值），无中性点引出的绕组，线间差别不应大于三相平均值的 1%（注意值），符合规程要求。且高压直流电阻各分接的电阻值变化曲线符合有载调压变压器的关系曲线，如图 3 所示。

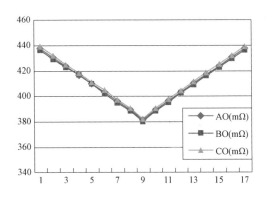

图 3　2 号变压器高压侧直流电阻关系曲线

　　测量的变各级绕组的直流电阻，各数据未超标，且各相之间无明显偏差，变化规律基本一致，由此可以排除故障部位在电器回路内。

　　3. 运行工况分析

　　经查，变压器 2012 年 5 月大修后交接试验中发现 2012 年返厂大修安装时，厂家在进行喷砂除锈时，在散热器联管内遗漏了喷砂所用钢砂，出厂前未处理干净，造成变压器内部遗留钢砂，与变压器铁芯多点接地情况相符合。

　　盘查变压器色谱在线检测数据和试验室色谱数据，判断变压器内部遗留的钢砂有无放电的详细，对比色谱在线检测数据和试验室色谱数据如表 2、表 3 所示。

表 2　　　　　　　　　　　　变压器色谱在线检测数据（μL/L）

数据时间	氢气	一氧化碳	二氧化碳	甲烷	乙烯	乙炔	乙烷	总烃	载压
2016 年 4 月 9 日	28.26	283.69	441.12	3.71	0	0	0	3.71	正常
2016 年 4 月 8 日	28.02	278.52	434.36	3.63	0	0	0	3.63	正常
2016 年 4 月 8 日	28.51	284.1	449.04	3.72	0	0	0	3.72	正常
2016 年 4 月 7 日	29.06	276.46	451.2	3.69	0	0	0	3.69	正常
2016 年 4 月 7 日	27.95	271.8	457.09	3.67	0	0	0	3.67	正常
2016 年 4 月 6 日	29.59	265.45	456.22	3.63	0	0	0	3.63	正常
2016 年 4 月 6 日	28.54	263.56	461.78	3.62	0	0	0	3.62	正常
2016 年 4 月 5 日	28.55	255.12	458.68	3.47	0	0	0	3.47	正常
2016 年 4 月 5 日	28.83	267.81	471.65	3.59	0	0	0	3.59	正常
2016 年 4 月 4 日	29.47	264.99	475.21	3.48	0	0	0	3.48	正常
2016 年 4 月 3 日	52.56	135.92	173.43	2.85	0	0	0	2.85	正常
2016 年 4 月 2 日	29.04	274.57	509.77	3.6	0	0	0	3.6	正常
2016 年 4 月 1 日	27.33	260.38	540.13	3.64	0	0	0	3.64	正常

表 3 变压器试验室色谱数据（μL/L）

时间	氢气	一氧化碳	二氧化碳	甲烷	乙烯	乙烷	乙炔	总烃
2012 年 6 月 14 日	3	7	415	0.64	0.09	0.27	0	1
2012 年 7 月 8 日	2	15	582	0.85	0	0	0	0.85
2012 年 7 月 10 日	2	15	582	0.85	0	0	0	0.85
2012 年 7 月 10 日	0.17	17	577	0.74	0	0	0	0.74
2012 年 7 月 12 日	15	23	578	1.01	0	0	0	1.01
2012 年 7 月 13 日	1	25	584	0.97	0	0	0	0.97
2012 年 7 月 16 日	0.56	33	713	0.77	0	0	0	0.77
2012 年 7 月 19 日	2	45	754	0.89	0	0	0	0.89
2012 年 7 月 23 日	2	68	846	1.03	0	0	0	1.03
2012 年 7 月 28 日	5	125	553	2.88	0	0	0	2.88
2012 年 10 月 10 日	12	190	1117	1.96	0.16	0	0	2.12
2013 年 1 月 5 日	15	227	1451	5.4	0.51	0.28	0	6.19
2013 年 4 月 3 日	21	297	563	2.6	0.34	0.18	0	3.12
2013 年 7 月 3 日	24	329	965	4.84	0.48	0.31	0	5.63
2013 年 7 月 15 日	24	329	965	4.84	0.48	0.31	0	5.63
2013 年 9 月 27 日	29	416	975	5.28	0.6	0.4	0	6.28
2013 年 12 月 28 日	25	458	843	5.54	1.44	0.57	0	7.55
2014 年 3 月 21 日	38	351	2287	5.09	0.74	0.52	0	6.35
2014 年 3 月 21 日	17	524	605	5.17	0.81	0.38	0	6.36
2014 年 6 月 20 日	46	533	1813	5.2	0.86	0.61	0	6.67
2014 年 9 月 20 日	62	961	2237	7.79	1.26	1.6	0	10.65
2014 年 12 月 19 日	51	506	3246	7.25	0.67	0.61	0	8.53
2015 年 3 月 19 日	61	488	3271	7.61	0.75	0.65	0	9.01
2015 年 6 月 19 日	22	1459	2489	6.67	0.96	0.86	0	8.49
2015 年 9 月 15 日	60	1131	2958	9.62	1.59	1.24	0	12.45
2015 年 12 月 18 日	64	1158	2677	10.12	1.85	1.24	0	13.21
2016 年 2 月 1 日	57	1126	2144	9.3	1.24	1.13	0	11.67
2016 年 3 月 18 日	51	1037	2264	8.62	1.16	0.98	0	10.76

对比表 2 和表 3 的数据，可以看出，变压器色谱数据正常，内部无放电。

4. 电容器电流冲击

4 月 9 日，检测人员使用电容量为 2.27μF 的电容器对变压器铁芯接地点进行电流冲击。冲击前使用 5000V 的电子绝缘电阻表给电容器充电 1min，然后对变压器铁芯瞬间大电流放电，冲击铁芯多点接地点。

冲击后重新测量铁芯绝缘电阻，绝缘电阻值为 0.1MΩ，冲击后铁芯仍存在铁芯多点接地的问题，如图 4 所示。

图 4　电容器电流冲击后铁芯绝缘电阻值

5. 放油检查

4 月 9 日下午开始，检修人员对变压器进行放油检查，发现变压器内部遗留有大量的喷砂所用的钢珠，如图 5 所示。

变压器检修人员利用磁铁的磁性清理钢珠，如图 6 所示。

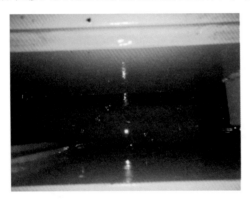 

图 5　变压器内部遗留的钢珠　　　　图 6　磁铁上吸附的钢珠

三、缺陷处理

放油检查过程中，在变压器内部和油管内发现设备厂除锈喷砂用的钢珠，分析 3 台变压器 2015 年全年的负荷曲线，如图 7 所示。该变电站的高负荷期在 7 月，安排变压器返厂大修，于 6 月份前完成安装。

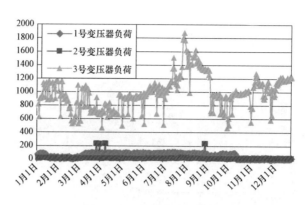

图7　变压器全年负荷曲线

四、　经验体会

（1）造成变压器铁芯多点接地的因素有很多，忽略任何一个方面都可能导致缺陷的发生。变压器长期运行震动、附件绝缘老化等等都是故障难以杜绝的原因。

（2）停电电气测试分析法，停电后对变压器铁芯多点接地故障的电气测量方法分为以下两步骤：①正确测量各级绕组的直流电阻，若各数据未超标，且各相之间与历次测试数据之间相比较，无名显偏差，变化规律基本一致，由此可以排除故障部位在电器回路内；②为进一步核定是否为铁芯多点接地，可断开接地线，用2500V绝缘电阻表对铁芯绝缘电阻测试，如果阻值为零或者特别小时，可判定铁芯存在多点接地故障。

五、　检测相关信息

检测用仪器：电子式绝缘电阻表、色谱仪。

测试温度为15℃；相对湿度45%。

[案例二]　**变压器接地电流检测发现内部铁芯多点接地**

设备类别：220kV变压器
案例名称：铁芯接地电流测试确认铁芯内部多点接地
技术类别：停电例行试验—绝缘电阻试验

一、　故障经过

某220kV变电站变压器于2015年5月29日投运，型号为SSZ11-18000/220（生产日期为2014年5月3日）。铁芯和夹件分别自变压器顶部引出，并通过支柱绝缘子固定引下至箱体下部与接地体连接。自投运以来，变压器整体运行情况良好。2015年11

月 2 日，变电运维室在对变压器铁芯、夹件的接地电流进行例行测试时，发现变压器铁芯接地电流超标严重，夹件铁芯电流正常。2015 年 11 月 3～6 日期间进行复测，铁芯电流依然超标。

2015 年 11 月 9 日，检测人员工作人员对该变压器进行停电检查，铁芯引出接地线及铁芯套管均无异常，怀疑内部存在多点接地点。随后，利用电容器对铁芯进行放电冲击试验，消除了内部接地点，重新投运后，铁芯接地电流恢复正常。

二、检测分析方法

（1）2015 年 11 月 2 日，变电运维室对 220kV 变压器进行铁芯接地电流试验时发现铁芯接地电流值达到 260mA（见图 1），远超 Q/GDW 1168—2013《输变电设备状态检修试验规程》不大于 100mA 的要求。测试结果如图 1 所示。同时，变压器夹件接地电流为 50mA、并列运行的另一台变压器铁芯接地电流为 11mA，数据均正常。

图 1　2 号主变压器铁芯接地电流超标
（260mA）

（2）2015 年 11 月 3～6 日，变电运维室对不同负荷下主变压器铁芯接地电流进行跟踪测试，测试结果如表 1 所示。

表 1　　　　　　　　　　铁芯接地电流跟踪检测数据

试验日期	变压器铁芯接地电流（mA）	变压器夹件接地电流（mA）	并列运行的变压器铁芯接地电流（mA）
2015 年 10 月 8 日	10	53	12
2015 年 11 月 3 日	270	58	13
2015 年 11 月 4 日	225	62	10
2015 年 11 月 5 日	242	75	13
2015 年 11 月 6 日	325	77	19

（3）2015 年 11 月 4 日，检测人员对变压器进行油色谱试验，试验数据见表 2，试验结果与之前相比无异常。

表 2　　　　　　　　　　变压器油色谱试验数据

试验日期	CH_4含量	C_2H_6含量	C_2H_2含量	H_2含量	CO 含量	CO_2含量
2015 年 5 月 30 日	0.5	0	0	9.5	25	215
2015 年 11 月 4 日	0.6	0	0	10.2	26	265

（4）综合以上数据分析，变压器铁芯对地可能有多点接地，导致铁芯接地电流增大。

（5）2015 年 11 月 9 日，供电公司检测人员对变压器进行停电试验。从变压器铁芯引出端未发现接地点，对铁芯进行绝缘电阻测试，结果为 0.01MΩ，如图 2 所示。由此分析该主变压器内部存在铁芯多点接地故障。

图 2　变压器铁芯绝缘电阻不合格（0.01MΩ）

（6）缺陷分析：

1）现场分析为变压器本体油箱内部可能存在杂质导致内部铁芯多点接地，在运行中由于铁芯电压差的存在，从而导致外接地电流升高。

2）由于变压器本身装配型式的制约，即使吊罩也未必能找到确切的接地点，故决定采用电容器放电冲击法尝试消除内部杂质。

图 3　对变压器铁芯进行
放电冲击试验

三、隐患处理情况

检测人员工作人员利用电容器对变压器铁芯进行放电冲击试验，如图 3 所示。检测人员首先使电容器一极接地，另一极用绝缘电阻表进行充电。要注意充电完成后，先撤下充电线再关闭绝缘电阻表，防止电容器放电。然后利用绝缘棒将电容器与铁芯相连，并两次触碰对铁芯放电，利用放电电流烧蚀杂质，消除铁芯内部接地点。

随后，对变压器铁芯进行绝缘电阻测量，绝缘电阻为 76.4GΩ，铁芯绝缘电阻恢复正常，如图 4 所示。

变压器恢复运行后，工作人员又对其铁芯接地电流进行复测，复测结果为 7mA，如图 5 所示，至此多点接地故障已消除。

图 4　放电冲击试验后，铁芯绝缘电阻值　　　图 5　变压器消缺后，铁芯接地电流值
正常（76.4GΩ）　　　　　　　　　　恢复正常（7mA）

四、 经验体会

（1）铁芯或夹件发生多点接地，将会形成环流，严重时将造成内部铁芯或夹件局部过热甚至导致变压器损毁，在现场运行中需严加注意。利用带电检测手段可以快速、有效监视铁芯、夹件接地电流，及时发现铁芯或夹件多点接地缺陷，有效避免变压器绝缘故障的发生。

（2）放电冲击法可在不吊罩状态下对铁锈、焊渣等悬浮物和油泥沉积造成的多点接地故障进行有效处理，可以作为此类故障的临时处理方法。

（3）虽然铁芯多点接地故障已消除，但是变压器本体油箱内部可能还存在导电类杂质，在运行过程中还有可能造成多点接地故障，在今后运行中，要加强监视、跟踪检测。

五、 检测相关信息

检测用仪器：滨江 BM805 型钳形电流表；思创 DM50C 电子式绝缘电阻表；桂林电容器总厂 BAM 型电容器。

 变压器上下蝶阀关闭致散热器温度分布异常

设备类别：变压器散热器
案例名称：变压器 12 号散热器温度异常
技术类别：带电检测—红外测温

一、 故障经过

2016 年 1 月 14 日，检测人员工作人员在对变压器红外测温检测过程中，发现变压器第 12 号（编号为 12）散热片最高温度为 34.9°，而变压器其他所有散热器的温度为最高温度在 52℃左右，相差 10K 以上。2016 年 3 月 1 日，检修人员结合变压器例行停电工作，排查 12 号散热器温度异常的原因并进行消除。

二、 检测分析方法

2016 年 1 月 14 日检测人员对 220kV 变电站进行红外测温工作，在红外检测过程中，检测人员发现变压器 12 号散热片温度异常，如图 1～图 3 所示。

从图 1 可以看出第二片散热器颜色较暗，说明温度较相邻散热器片低，从图 3 可以看出第 11、13 片及其余散热器温度均在 52℃左右，而第二片散热器片温度约为 34℃，温度差约为 10K。

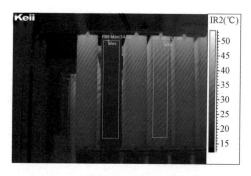

图1　变压器散热片红外图谱

图2　变压器散热片正面图

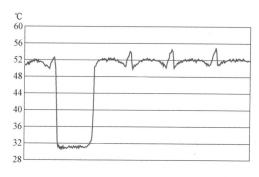

图3　2号主变压器散热片温度曲线

2016年3月1日，变压器停电后，工作人员对变压器12号散热器进行了全面检查，发现12号散热器上下蝶阀处于关闭状态，该散热器内部的变压器油和变压器本体不相通。

三、　隐患处理情况

掌握了12号散热器缺陷后，工作人员随即将12号散热器上下蝶阀开启。2016年3月2日，检测人员对变压器进行跟踪检测，发现变压器所有散热器温度分布均匀，均为42℃左右，如图4、图5所示。

图4　2号主变压器散热片红外图谱
（跟踪后）

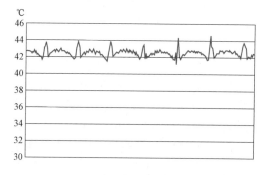

图5　2号主变压器散热器温度分布曲线
（跟踪后）

从图4、图5中可以看出，变压器所有散热器红外图谱基本一致，温度分布均匀，温度分布曲线呈锯齿状，相邻两个散热片温度变化范围在2℃以内，变压器散热器温度异常缺陷得到了触底消除。

四、 经验体会

（1）变压器散热器蝶阀有很多，主变压器投运之前，工作人员都要将所有散热器的蝶阀全部打开，但是有些施工人员经常漏将部分散热器蝶阀打开，导致变压器不能充分散热；在以后的过程中，施工人员、验收人员应加强对散热器蝶阀状态的检查，确保无误。

（2）运维人员在红外测温时主要针对套管、隔离开关、断路器等主要一次设备接头，通常忽略主变压器散热器的测温，导致主变压器散热器温度有异常也很难被发现；在以后工作中，建议运维人员关注变压器散热器的温度情况，及时发现变压器散热器的隐患。

五、 检测相关信息

检测用仪器：FLIR T630 型 SF_6 气体红外成像仪。

［案例四］ 变压器红外测温发现散热器下阀门关闭

设备类别：变压器散热器
案例名称：110kV 变电站 1 号变压器散热器红外检测温度异常
技术类别：带电检测—红外测温

一、 故障经过

某 110kV 变电站变压器型号为 SZ11‐50000/110，容量 50 MVA，冷却方式为自然风冷，2013 年 7 月 20 日投运。2015 年 8 月 14 日，变电运检室在对站内一次设备进行测温、安全检查期间，发现变压器 2 号散热片温度明显低于左右位置的 1 号、3 号散热片，现场工作负责人初步判断 2 号散热片阀门未打开或油路堵塞，导致无法进行正常油循环，造成温度偏低。由于天色已晚，现场照明条件较差，工作负责人将情况做了相关记录后办理了工作票终结。9 月 1 日，变压器停电期间，试验班检修人员观测发现，2 号散热片下阀门未打开，导致 2 号散热片温度异常。

二、 检测分析方法

对检测/排查过程数据进行分析判断情况，相关数据应附加数据照片。

2015 年 8 月 14 日，变电运检室在对变电站内一次设备进行测温、安全检查，发现 1 号主变压器 2 号散热片温度明显低于左右位置的 1 号、3 号散热片。如图 1 所示，图中散热片温度如表 1 所示。

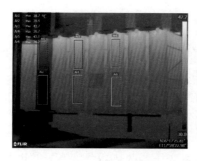

图 1　散热片红外图谱

表 1 散 热 片 温 度

目标温度值（℃）	2 号散热片	4 号散热片	6 号散热片
框 1	38.7	43.7	43.1
框 2	30.4	36.7	36.2

通过观察红外图谱与比较 1、2、3、4 号与 6 号散热片温度发现，2 号散热片温度明显低于其他散热片温度，可以确定 2 号散热片由于阀门未打开或油路堵塞导致油流不畅，无法进行正常的散热功能。

三、 隐患处理情况

对隐患设备进行停电处理的过程及解体检查情况。

2015 年 9 月 1 日，对 110kV 变电站停电检修。到达现场后，工作人员检查发现，2 号散热片下阀门确未打开，见图 2。

确定缺陷后，检修人员立即进行了消缺工作，用扳手将阀门打开。

为避免发生类似缺陷，工作人员对所有散热片进行了统一检查。

为检验消缺成果，9 月 17 日对变压器进行了红外测温复测，图谱见图 3。

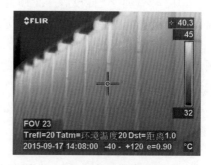

图 2　2 号散热片下阀门　　　　　图 3　消缺后红外图谱

图谱显示，所有散热片温度均匀，无较大温差，缺陷消除。

四、 经验体会

作为公司发现的第一起变压器散热片温度异常案例，红外测温发现缺陷后，由于分析准确，制定了合理的检修策略，处理及时，避免了跟严重事态的发生。在此次散热片温度异常案例处理中，有一些值得思考与改进的地方：

（1）红外精确测温工作的必要性。红外检测方法的使用，为我们更好地掌握变电站一、二次设备运行状态提供了理论数据支持。对运行时间长、负荷重的变电站，要缩短检测周期、加大检测力度。

（2）发现数据异常后，应结合停电试验进一步检查、试验。必须制定行之有效的试验方案，了解设备结构，针对性地进行故障排查，才能提高故障判断率。

（3）变压器投运之前，缺少细致的检查。

五、 检测相关信息

检测用仪器：FLIR P30红外测温仪。

［案例五］ 变压器储油柜波纹管破裂隐患处理

设备类别：220kV变压器储油柜
案例名称：变压器储油柜波纹管破裂隐患处理典型案例
技术类别：带电检测技术—油中溶解气体分析

一、 故障经过

某220kV变电站变压器型号为SFPSZ9‐180000/220，2002年3月投运。2015年10月29日19时左右，检测人员在对变电站进行红外测温时，隐约发现储油柜中部有条温度区分线，上部较下部低约6K，判断其内部有空腔。通过检查分析，最终确定波纹管存在破裂问题。11月2日，检修人员对该储油柜进行更换。由于发现处理及时，避免了变压器绝缘受潮损坏的恶性事故。

二、 检测分析方法

1. 红外测温发现缺陷

2015年10月29日19时试验工作人员到220kV变电站进行红外测温，发现变压器储油柜有异常，热像图上显示其中部有条细微的温度区分线，且其上部温度低于下部温度，属于异常状态（图谱见图1）。

本体油呼吸主要通路就是瓦斯连管通路部位，本体的热油从这一通管进入储油柜，热油进入储油柜其密度低于储油柜内绝缘油，因此迅速上升到储油柜顶部，因此其现象表现为储油柜温度两端不同，上下不同，上部略高。正常图谱如图2所示。

2. 诊断分析情况

根据图谱情况，初步判断储油柜内部有空腔，对油位指示的检查确切证实了储油柜油位偏低。对该变压器充油后，油位迅速减低。对变压器本体进行查看，未发现渗漏点。综合以上情况判断储油柜波纹管存在破裂故障。

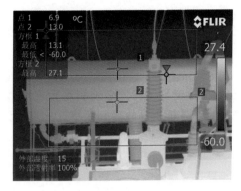 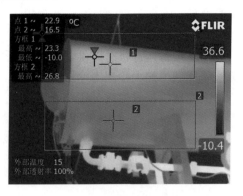

图 1 储油柜红外图谱   图 2 储油柜正常图谱

储油柜波纹管破裂缺陷危害：

（1）储油柜波纹破裂，绝缘油进入波纹管内部有空气直接接触，又因储油柜的热胀冷缩，使潮湿空气及水分直接进入波纹内部，油品质量迅速劣化，绝缘性能显著减低，长此以往势必造成变压器绝缘受潮损坏的恶性事故。

（2）储油柜波纹破裂，其将失去本身的呼吸作用，当变压器温度降低时，由于绝缘油进入波纹管内部，不能及时的补充本体的欠油，致使本体产生负压，一是由于负压影响容易造成瓦斯误动，二是如果本体有渗漏，特别是潜油泵位置，潮湿气体及水分会直接进入主变压器本体内部，造成重大事故。

三、隐患处理情况

11 月 2 日，该变压器停电。检修人员打开储油柜端盖进行检查，发现波纹管内部已渗入大量绝缘油，且可见明显水滴。

在确切证实储油柜波纹管存在破裂故障后，检修人员对该变压器储油柜进行了更换处理。

11 月 3 日，检修人员消缺结束后，检测人员对该变压器开展了例行试验工作，试验结果均合格。油务试验具体数据如表 1 所示。

表 1   油 务 试 验 数 据

H_2 (μL/L)	CO (μL/L)	CO_2 (μL/L)	CH_4 (μL/L)	C_2H_4 (μL/L)	C_2H_6 (μL/L)	C_2H_2 (μL/L)	总烃 C_1+C_2 (μL/L)	微水 (μg/g)
104	456	3598	22.8	13.4	11	0	47.2	6

由于该缺陷发现处理及时，变压器内部没有受到多大损害，可以继续投运。

四、经验体会

（1）带电检测技术在发现设备缺陷、排查设备隐患方面具有不可或缺的作用。作为一项技术最成熟的带电检测技术，带电设备红外测温不管是在定期普测，还是在变电站设备停电前现场评估中，均起到了重要作用，在一定程度上避免设备故障跳闸等电网事故的发生。因此，在以后的运维工作中，要重视对设备的红外测温，认真分析异常测温结果，及时处理缺陷。

（2）此次能够及时发现重大设备隐患，避免了重大设备事故的发生。一方面是由于检测人员工作认真负责、一丝不苟；另一方面，得益于班组之间专业知识的相互教学。今后在培养员工敬业精神的同时，还要拓宽员工的知识面，切实提高员工的工作能力。

五、 检测相关信息

检测用仪器：FLIR‑T610 测温仪。